鸡腿蘑·鸡枞菌·羊肚菌

严泽湘 刘建先 熊永久 编著

内蒙古科学技术出版社

图书在版编目（CIP）数据

鸡腿蘑·鸡枞菌·羊肚菌 / 严泽湘，刘建先，熊永久编著. — 赤峰：内蒙古科学技术出版社，2021. 12
（乡村振兴实用技术丛书）
ISBN 978-7-5380-3396-0

Ⅰ. ①鸡… Ⅱ. ①严…②刘…③熊… Ⅲ. ①食用菌类—蔬菜园艺 Ⅳ. ①S646

中国版本图书馆CIP数据核字（2021）第266308号

鸡腿蘑·鸡枞菌·羊肚菌

编　　著：严泽湘　刘建先　熊永久
责任编辑：许占武
封面设计：永　胜
出版发行：内蒙古科学技术出版社
地　　址：赤峰市红山区哈达街南一段4号
网　　址：www.nm-kj.cn
邮购电话：0476-5888970
印　　刷：赤峰天海印务有限公司
字　　数：165千
开　　本：880mm×1230mm　1/32
印　　张：5.5
版　　次：2021年12月第1版
印　　次：2021年12月第1次印刷
书　　号：ISBN 978-7-5380-3396-0
定　　价：19.80元

前　言

鸡腿蘑因其外观形态酷似一支肥壮的鸡腿而得名。它肉质细嫩,味道鲜美,并含有治疗糖尿病的有效成分,深受消费者青睐,被联合国粮农组织和世界卫生组织确定为集“天然、营养、保健”三种机能为一体的珍稀菇菌之一,开发前景极为可观。

鸡纵菌是一种寄生性菌类,它的生长和白蚁有一定的共生关系,凡有白蚁巢的地方都可能有鸡纵菌。它营养丰富、药用价值高,是我国著名的野生菇菌之一,经驯化栽培已取得一定成效,可用棉籽壳、锯木屑等做培养料栽培。

羊肚菌属世界性著名食用菇菌,营养丰富,肉质脆嫩,味道鲜美,具有鲜羊肚的气味,是菇菌中的珍品之一。该菌具有补肾壮阳之功,古代曾将其作为贡品,专供王公贵族享用。羊肚菌在国际市场上深受欧美人民的喜爱,价格十分昂贵。羊肚菌原为野生菇菌,近年来开始驯化栽培,目前尚无成熟完整的栽培技术,但该菌具有极好的潜在开发价值,亟待有识之士进一步探索。

附录中的鸡油菌、猪肚菌、牛肝菌、牛舌菌均属珍稀菇菌,极具开发价值,值得积极发展生产。

此书在编写时参阅和吸收了前人的部分研究资料,特在此表示深深的谢意!不妥之处,恳祈赐教!

目 录

第一章　鸡腿蘑

一、概述

鸡腿蘑又名鸡腿菇，学名毛头鬼伞菌，因外观酷似一支肥厚的鸡腿而得名，又因菌盖具有反卷鳞片，所以又称“刺蘑菇”。它不仅营养丰富，而且含有治疗糖尿病的有效成分，味道十分鲜嫩，深受消费者青睐，被联合国粮农组织（FAO）和世界卫生组织（WHO）确定为集“天然、营养、保健”三种机能为一体的16种珍稀食用菌之一。目前已在德、法、美、日、捷克、荷兰及我国积极推广，大面积栽培。

鸡腿蘑的营养价值很高，是一种营养均衡的保健食品。每100克鲜品中含蛋白质3.78克，脂肪0.32克，可溶性糖类1.87克，粗纤维0.79克，核酸5.24克。蛋白质中含有18种氨基酸，其中8种人体必需氨基酸齐全（表1－1、表1－2）。此外，还含有钙6.28毫克，磷71.25毫克，铁1.50毫克，维生素C 3.77毫克。它肉质细嫩，鲜美可口，其色香味皆不亚于草菇。

鸡腿蘑的药用价值也很高。它性平，益脾胃，具有清心安神，通肠利便，治痔等功效。临床试验表明，鸡腿蘑子实体提取物有明显降低血糖的作用，说明含有治疗糖尿病的有效成分。经常食用此菌，有利于老人保健，幼儿生长，孕妇体内胎儿正常发育。

表1－1　鸡腿蘑营养成分分析（克/100克，干品）

营养成分	粗蛋白	总糖	脂肪	粗纤维	灰分
含量	25.9	56.2	2.9	7.1	12.0

表1-2　鸡腿蘑子实体的氨基酸含量(克/100克,干重)

必需氨基酸	含量	非必需氨基酸	含量
异亮氨酸	0.84	天门冬氨酸	1.85
亮氨酸	1.19	谷氨酸	3.18
赖氨酸	0.90	丝氨酸	0.75
蛋氨酸	0.71	甘氨酸	0.73
苯丙氨酸	0.83	精氨酸	1.24
苏氨酸	0.83	丙氨酸	1.36
缬氨酸	1.87	酪氨酸	0.97
色氨酸	0.36	脯氨酸	0.62
组氨酸	0.38	半胱氨酸	0.19

注:组氨酸为婴幼儿必需氨基酸。

鸡腿蘑的经济效益好,据实践,在200平方米的大棚内种鸡腿蘑,若条件适宜,管理得当,可收3~4潮菇,收入可观,值得积极发展生产。

二、形态特征

鸡腿蘑菌丝体一般贴基生长,气生菌丝不发达,前期绒毛状、整齐,长势稍快。后期菌丝致密,呈匐匍状,表面有索线状菌丝。显微镜观察,鸡腿蘑菌丝细胞管状、细长,分枝少、粗细不匀,细胞壁薄、透明,中间具横隔,内具二核。菌丝直径一般为3~5微米,大多菌丝无锁状联合现象。子实体单生、群生,棒槌状。菌盖初呈圆柱状,后期钟状,高5~25厘米,直径4~15厘米,洁白色,某些耐低温品种顶端呈淡红褐色或淡土黄色,布以明显反卷鳞片如肉刺。菌肉白色,薄。菌褶厚、密,与柄离生,早期白色,渐成浅红褐色,老熟后呈黑色且潮解成墨汁状。菌柄圆柱状,白色,上细,长5~40厘米,粗1~3厘米,中空,脆,基部膨大,地下部分呈鳞茎状。菌环白色,生于菌柄中、上部,易脱落。孢子印黑色,显微观察,单个孢子暗黑色,椭圆形,光滑,一端具小尖,大小为(7～10)微米×(10.5～16.5)微米;囊状体棒状,无色,顶端钝圆,略稀,大小为(24～60)微米×(10.5～12.5)微米。(图1－1)

图1－1 鸡腿蘑

三、生长条件

1. 营养

鸡腿蘑是一种草腐生菌类,对营养要求不严格,可充分利用各类作物秸秆、杂草、玉米芯、棉籽壳及部分菌糠、畜粪等进行栽培。

2. 温度

鸡腿蘑是一种中温性菌类。孢子萌发适宜温度22℃～26℃,以24℃左右萌发最快;菌丝耐低温能力强,－10℃不会被冻坏,其生长温度范围3℃～35℃,最适生长温度24℃～26℃,温度过高或过低菌丝生长速度均减缓;35℃以上菌丝停止生长,并迅速老化,40℃时菌丝变枯死亡。菌丝体生长期培养基适宜含水量为65%,经发酵的培养料含水量70%时菌丝生长仍旺盛。

3. 湿度

水分低,菌丝体生长慢。子实体生长阶段对环境湿度要求较高,相对湿度85%～90%最为适宜。湿度不足,子实体瘦小,生长缓慢,湿度过高且通风差,菌盖就易发生斑点病。

4. 光照

菌丝生长不需要光线，黑暗条件下菌丝生长旺盛、新鲜。强光对菌丝生长有抑制延缓作用，并加速菌丝体的老化。子实体生长阶段需适量散射光。强光能抑制子实体生长。

5. 空气

鸡腿蘑是好气性菌类。菌丝体生长阶段需氧量略少，子实体生长阶段需要大量氧气，通气不良幼菇发育迟缓，菌柄伸长，盖变小变薄，形成品质极差的畸形菇。

6. pH

鸡腿蘑对 pH 要求稍高。菌丝在 pH 4～9 范围内均能生长，最适 pH 6.5～7.5。因菌丝生长阶段呼吸作用及代谢产物积累使培养基 pH 下降，故调料时应加 2%～3% 生石灰调节。

7. 土壤

鸡腿蘑为土生菌类，子实体的发生及生长均离不开土壤。若无覆土刺激，菌丝发育再好也不会形成子实体，因此栽培时要覆土。

四、菌种制作

（一）母种制作

1. 菌种的选择

鸡腿蘑有单生种和丛生种之分，单生种个体肥大，适于制罐，但产量较低；丛生种个体较小，适于鲜销，产量较高。单生种以 CC123 和 CC155 为好，丛生种以 CC100 和 CF10 为宜。

2. 培养基制备

鸡腿蘑对营养要求不甚严格，一般菇类常用培养基即能满足生长需求，如 PDA 培养基、综合培养基等。用麦粒、玉米粒煮熟作培养基亦可。

3. 菌种分离及培养

选择优良的鸡腿蘑子实体，用酒精消毒后切取子实体中组织块，在无菌条件下接种于事先配制好的培养基上，置于 5℃下培养

30 天左右,菌丝长满斜面,即为母种。

(二)原种、栽培种制作

1. 培养基制备

原种培养基可采用浸泡后的麦粒、玉米粒,装瓶后高压灭菌 1.5～2 小时,冷却后接种。也可采用以下配方。

(1)培养基配方

①棉籽壳 90%,麸皮 4.5%,玉米粉 4.5%,石灰 1%。

②棉籽壳 87.5%,麸皮 10%,石灰 2%,另加尿素 0.5%。

③稻草 68%(粉碎),麸皮 25%,玉米粉 5%,石灰 1%,蔗糖 1%。

④杂木屑 75%,麸皮 15%,玉米粉 8%,糖和石膏粉各 1%。

以上配方中料水比例为1∶1.5,pH 自然。

鸡腿蘑适宜在发酵培养料上生长。棉籽壳、稻草、麦草及玉米秸等,拌料后直接装瓶,接种后菌丝生长稀疏、缓慢,一般需 35～40 天长满瓶,但经发酵处理后接种,菌丝生长浓密、旺盛,20～25天即可满瓶。

(2)配制方法　将原料称足,石灰溶水后加入料中,充分拌匀。料拌好后建堆,常规 45℃～60℃发酵 3 天。原种采用菌种瓶或罐头瓶,常规装料,要求四周实、中间略松,上部实、下部略松;中间打洞至底;最后用 12 厘米×12 厘米丙烯膜皮圈封口;生产种一般采用 15 厘米×30 厘米塑料袋或罐头瓶装料,袋料两头扎好口,料瓶用塑膜加牛皮纸或套塑料环后灭菌。

(3)灭菌　采用常压灭菌,瓶、袋入灭菌锅后,迅速加热升温至 100℃,维持 8～10 小时停火,自然冷却至 50℃以下出锅。

(4)接种培养　常规接种,每支试管母种一般可接原种 7～10 瓶,每瓶原种接栽培种 40 袋(两头接种)或 80 瓶左右。接种后在 24℃～26℃、光线较暗的培养室内培养。一般麦粒、玉米粒培养基经 14～18 天,其他培养基经 20～30 天,菌丝长满瓶(袋)后马上使用,效果最好。

五、常规栽培技术

(一)栽培季节

野生鸡腿蘑自然发生在气温10℃以上的春末3月至晚秋10月,适应温度范围比较广。人工栽培时间一般春季安排在3—6月、秋季8—10月出菇;夏季温度高,子实体难保存,不宜栽培;冬季采取加温措施,也可栽培,尤其采用琴弦式大棚栽培,棚内温度较高,适宜鸡腿蘑出菇,采收后棚外温度低,可抑制菇体继续成熟老化。

(二)栽培方式

鸡腿蘑栽培方式很多,现介绍以下几种。

1. 生料大床栽培法

(1)培养料配制

配方

①棉籽壳50千克,菇类菌糠30千克,干马粪20千克,尿素0.5~1千克,磷肥2千克,石灰3千克,水150~160千克。

②稻、麦草,玉米秸,芦苇,玉米芯等皆切碎或粉碎成粗糠状,单一或混合用,每百千克料加尿素1千克,磷肥2千克,石灰3~4千克,或加干马粪20千克效果更佳,水160千克或180千克。

③菇类菌糠60千克,棉籽壳或秸秆粗糠20千克,干马粪20千克,尿素1千克,磷肥2千克,石灰3~4千克,水150~160千克。

④棉籽壳100千克,另加石灰2~3千克和多菌灵0.1%,水160千克。

⑤棉籽壳100千克,另加磷肥2千克,尿素0.5千克,石灰2千克,水160千克。

⑥玉米芯100千克(粉碎),另加尿素1千克,石灰3千克,水160千克。

(2)堆料发酵　将各料充分拌匀,堆成高100厘米,宽150厘米,长不限的堆,上覆塑料膜,四周压实,日晒升温。如气温低,晚上应加盖草帘保温。一般2天左右料温可达50℃～60℃,保持12小时后翻堆,复堆后升温更快,几小时料温即可达到60℃,再度保持12小时,即可终止发酵,将料摊凉。其间注意控制料温不要超过60℃,更不要高温持续时间太长,否则培养料失重太多,营养消耗太大,出菇后劲不足,严重影响产量。

(3)铺料播种 室外畦栽,要选好菇场,整地做畦,设置阴棚。室内栽培可用菇床架式或箱式栽培法,下铺薄膜,将发酵好的培养料铺于畦、床或箱内,料厚15～20厘米,分三层播种,用种量10%～15%,最后整平料面并稍压实,盖3～5厘米厚的沙质壤土。20～30天菌丝可发满料并布满覆土层。

(4)出菇管理 菌丝发好进入生殖生长阶段,管理上以降温、增湿、通风为主,并给予适量光照,刺激出菇。鸡腿蘑是中温出菇的菌类,性喜阴暗潮湿,出菇温度以控制在16℃～22℃为宜,每天洒水、通风数次,以保持环境湿度85%～90%,并保证空气清新,促使菌盖肥大、菌柄粗短。

(5)采收 在适宜条件下,菌丝体扭结至形成菇蕾一般为6～10天,菇蕾破土为3～7天,至子实体成熟为7～12天(品种不同,略有差异)。子实体成熟后即可采收。

2. 熟料袋栽法

(1)培养料配制

配方

①棉籽壳100千克,尿素0.5千克,磷肥2千克,石灰1～2千克,水150千克。

②稻草、玉米秸、芦苇、玉米芯等皆粉碎成粗糠状,单一或混合后,每100千克料加麦麸10千克或玉米粉5千克,尿素0.5～1千克,石灰、磷肥各2千克,水150～160千克。

③棉籽壳、混合草粉、菇类菌糠各30千克,麦麸或玉米粉或棉籽饼粉10千克,尿素0.5～3千克,麦麸或玉米粉或棉籽饼粉10千克,尿素0.5～1千克,磷肥、石灰各2千克,水150千克。

(2)配料 将培养料充分混合、拌匀后堆积,常规发酵

(45℃～60℃)3天。然后散堆装袋。

(3)装袋灭菌　将发酵好的培养料,调整含水量在65%～68%,用人工或装袋机装入宽15～18厘米、长35～40厘米、厚0.04～0.06毫米的塑料袋内,稍压实,两头扎口后灭菌。高压灭菌保持1.5～2小时,常压灭菌100℃保持10～12小时。

(4)接种培菌　灭菌后将料袋取出,放洁净室内冷却。在无菌条件下,两头接种,一般每瓶生产种接栽培袋40袋左右。接种后移入24℃～26℃室内培养,注意挑除早期污染的袋子。25～30天菌丝发满,即可进入出菇管理。

(5)出菇管理

①脱袋排畦　选择土壤肥沃,排水良好的场地,挖成宽100厘米、深20～30厘米,长不限的畦,用竹片搭成弓形小棚,将脱袋的菌筒横排畦上,袋间隙留2厘米填入肥土,每平方米约放菌筒30个左右。排放完毕后,覆3～5厘米厚的肥沃沙质壤土,如土壤太干要喷少量水,并盖塑料膜保持土壤湿润。

②温、湿度控制　温度控制在22℃～26℃,如温度太高应设置阴棚,避免强光照射。十几天后菌丝可布满畦床,洒冷水,把湿度提高到85%～90%,温度调节至16℃～22℃,每天揭膜通风增加氧气,刺激菌丝体迅速扭结,形成菇蕾。鸡腿蘑子实体喜湿好氧,菇蕾破土后,管理上以通风、增湿为主,尤其子实体成熟阶段,每天需通风、喷水数次,才能满足生长需求。经7～10天精心管理,子实体迅速长大,至七八成熟,即可采收。

(6)采收　鸡腿蘑子实体成熟快,开伞后很快就会变黑自溶,失去食用价值,因此采收必须及时,以菌盖边缘菌环刚开始松动,尚紧包菌柄时就要及时采收。用手握住菌柄下部,轻轻摇动即可拔起,簇生品种应注意勿碰伤幼菇,以免影响下潮出菇。

六、鸡腿蘑畸菇及其防治

鸡腿蘑在生长过程中,由于高温高湿等环境条件影响,往往易发生畸形菇,以致失去商品价值,乃至减产或绝收,造成极大的经济损失。现就鸡腿蘑畸形子实体的发生与防治方法介绍如下，供栽培者参考。

（一）畸形菇的形态及成因

1. 鸡爪菇

这种畸形子实体酷似鸡爪，故名鸡爪菇，在菌床上，刚出土的鸡爪菇菇体幼嫩，色白，从基部分枝2～5条，长2厘米左右，粗约2毫米，基部土壤中连有粗网状的鸡腿蘑菌丝。成熟的鸡爪菇，分枝长4～10厘米，粗约4毫米，棕色，中间菌肉粉白色，分枝顶端颜色稍浅，似鸡爪的指甲。在受到危害的菌床上，鸡爪菇有的部分发生，严重的则布满整个床面，造成绝收。

利用山洞、人防地道和大田栽培鸡腿蘑时，这种鸡爪菇最易发生。这时正值高温高湿季节，覆土中的霉菌多，当鸡腿蘑菌丝长到覆土中时，受到霉菌菌丝侵扰，二者结合，引起变态扭结，而后长成鸡爪菇。

2. 瘤状菇

这种畸形子实体是以鸡腿蘑原基为中心，瘤状扩展长大而成。瘤状菇子实体白色，表面有的圆整，多数瘤状，有的单生，多数是多个连在一起贴生在土面上，直径一般在1～5厘米。瘤状菇基部为鸡腿蘑子实体原基。

瘤状菇的发生期和鸡爪菇一样，特别是盛夏利用山洞、人防地道栽培时发生严重。由于高温高湿，场地内外的环境及土壤中霉菌很多，当鸡腿蘑菌丝扭结成子实体原基时，土壤中的霉菌丝覆盖在原基上，侵扰子实体，引起子实体变态生长而成瘤状菇。

（二）畸形菇的防止措施

从以上情况可以看出，鸡腿蘑畸形子实体是由于鸡腿蘑菌丝或原基受霉菌侵害所致。这些霉菌来自环境或覆土。因此，防止畸形菇的产生，必须从防治环境或覆土中的霉菌入手。

1. 科学覆土

科学覆土是有效防止畸形菇产生的措施。正确的覆土是将所取的菜园土放在干净的场上打细，拌入1%～2%的石灰粉，层层喷洒杀虫剂如敌敌畏和40%甲醛溶液，调好水分后覆塑料薄膜闷24~28小时，覆土前揭膜散气后使用。

2. 栽培场所要严格消毒

对人防地道、山洞等栽培场所要定期在内外空间、地面喷洒来苏尔、多菌灵或新洁尔灭等防霉剂。

实践证明，以上方法可以有效地防止畸形鸡腿蘑的产生。

七、优化栽培新法

鸡腿蘑可用袋式埋土栽培和袋畦结合栽培等方式进行栽培，其方式有优有劣，保持优点，改善劣势，可收到良好效果。现将有关方式介绍如下。

（一）袋式埋土栽培法

袋式埋土栽培可分为菌袋直接埋土栽培法、袋料压块覆土栽培法和袋料直接覆土栽培法三种。

1. 菌袋直接埋土栽培法

将发好菌的菌袋脱袋后横排埋入土中，菌棒间距2~5厘米，间隙填土，菌棒上覆土厚2.5~3厘米，让其出菇。

（1）优点

①出菇期、场地安排灵活，可根据市场需要分期分批埋土出菇，亦可安排异地出菇。

②出菇疏密可根据菌袋大小进行调整，即菌袋较大，间距可拉大，菌袋小，间距可缩小，可提高出菇产量和质量。

（2）缺点

①埋土时菌棒间需有一定距离，故栽培场地浪费较大，所需覆土较多，劳动强度大。

②菌丝会向菌棒四周的泥土中生长，造成能量浪费，如果覆土干湿和松紧掌握不当，部分菇蕾在菌棒底面或侧面形成，使菇柄太长，因在泥土中的菇柄有泥，出售时必须用利刀将一部分菇脚削去，影响产量，降低商品价值。

③因菌棒间有一定间距，菌棒间能量较难借用补偿，造成二、

三潮菇后劲不足，死菇相对较多，降低产量。

(3)改良办法　在菌棒间填发酵料，菌棒底面铺少量发酵料，菌棒上留 5 ~7 厘米与土接触面，让菌丝向上长入泥土出菇，向底面或侧面长入培养料，这样可避免出菇过度和后劲不足，减轻了劳动强度，且可使栽培场地得到充分利用。

2. 袋料压块覆土栽培法

将发好菌的料袋去膜后压成菌块，块的大小可根据场地灵活掌握，压块后覆地膜使菌丝愈合，一般 3 ~5 天后覆土。

(1)优点

①出菇时间、地点较灵活，出菇场地利用率最高，是集约化栽培的首选方法。

②出菇整齐，在短期内(约 70 天)可出菇 2 ~3 潮。

③便于安排异地出菇。

(2)缺点　因在压块前菌丝已完全吃料，经压块，菌丝愈合和覆土后，菌蕾会在覆土内大量形成，造成头潮菇过密、丛生、菇小、死菇蕾较多，丛生菇脚间夹杂泥土，采菇劳动强度大，商品价值低和能量浪费高。

(3)改良方法　压块厚度控制在 10 ~15 厘米，太厚出菇过密，但也不宜太薄，料薄后劲不足，使死菇多，并在覆粗土前，每隔 10 厘米压一块砖(宽 6 厘米)或覆一宽 8 ~10 厘米的塑料薄膜，防止过度现蕾，现蕾后将砖去掉，覆上土，薄膜可在头潮菇后整理床面时去掉，再覆上土。此法可使头潮菇出菇数减少，菇的个体大，商品价值高，可减轻采菇劳动强度，并有利于下潮出菇。

3. 袋料直接覆土栽培法

将发好的菌袋一端离料面向上 3 厘米处剪去，用钉子在高出料面塑料膜上扎几个孔，以防料面积水，然后覆粗土 2.5 厘米，调水后上床架或放在地面上，袋口盖薄膜，室温保持在 20℃ ~25℃，7 ~8 天菌丝布满料面达 60% 时揭去薄膜，覆细土 5 毫米厚，并增加通风量和空气湿度，将室温降至 20℃以下，约 1 周后可现蕾。

(1)优点

①出菇时间、场地安排最灵活,覆粗土前菌袋可放在出菇场地或发菌场养菌。

②能利用各种床架及栽培场地栽培。

③菌袋污染少,且易随时清除。

(2)缺点

①生物转化率低,第二、三潮菇较难形成。

②塑料袋的使用和管理用工量大,不适于规模化生产。

(3)改良方法　出完第一潮菇后,去掉覆土和袋膜进行压块埋土,压块的厚度为15~20厘米,有利于继续出菇。

总之,袋式埋土栽培法栽培场地利用率高,灵活,可防止大面积污染。生料、熟料、发酵料都可采用此方式,其中熟料栽培成功率和生物转化率最高,是工厂化大规模生产的首选栽培方法。但袋式栽培费工,又需大量菌袋,特别是熟料还需有完善的灭菌和接种设施。对转化率较低的作物秸秆不宜采用此栽培方式。

(二)袋畦结合栽培法

袋畦结合栽培法是将培养料直接放入栽培场,采取层播、混播、点播菌种的方式进行栽培出菇。其中以发酵料层播较为普遍,一般3层料、3层种,播种量为干料重的10%左右。在适温下,一般5~7天菌丝封面,18~20天发透培养料,可在第15~18天时覆土出菇。

1. 优点

(1)省工,省辅料,省菌种,生物转化率较稳定,出菇整齐,如能掌握好覆土环节,头潮菇多为单生,死菇少,菇脚短,商品价值高。

(2)原材料适应广,可利用各种农作物秸秆,因而便于向农户推广。

2. 缺点

(1)栽培场地利用率低,出菇场地安排不灵活。

(2)因栽培场地较大,发菌阶段温度不易控制,特别是春播气温较低发菌较慢。

（3）原料经发酵，损耗较大，故总体转化率不高，价格较高、转化率较高的棉籽壳不宜采用此方式。

3. 改良方法

（1）室内栽培应有升温设施，室外塑料大棚栽培应采用双层塑料薄膜，内层应为黑色以便折光。

（2）发酵时间不宜过长，若采用一次发酵，夏季不超过 7 天，若采用二次发酵，室外一般发酵 4 ~ 5 天，室内二次发酵 2 天，冬季发酵时间可适当延长。防止原料过熟消耗养分。

（3）袋栽与畦栽相结合，可使有限的栽培场地得到充分利用，并尽量减少原材料的浪费，每年至少可利用 3 次，每年有 9 个月（除 7、8、9 三个月外）的出菇期，可获得良好的经济效益。

4. 栽培方法

（1）秋季畦栽法　在山东、江苏、安徽、河南、山西、河北等省，一般 8 月中、下旬堆制发酵料，8 月底 9 月初播种，9 月中旬覆土，10 月初现蕾出菇，采菇 3 ~ 4 潮后（11 月底 12 月上旬）将菇床表面的覆土清理干净，清除表面 3 ~ 5 厘米厚的培养料，向料面喷 1% 生石灰水及追肥，每隔 15 ~ 20 厘米打一通向料底直径 2 厘米的孔，以便向料内渗水。最后对菇房、棚用甲醛蒸气消毒，密封门窗 1 昼夜后打开门窗通风，以利再出菇。

（2）冬季袋式覆土栽培法　将发好的菌袋去膜后平放在菌床上，袋间距 2 ~ 3 厘米，袋间填发酵料或发好菌的袋料（不可填生料）。根据当年春节的早晚及菇房、棚的增温设施决定是否覆土，最好能将采菇盛期赶在春节前夕，如当年春节在 2 月上、中旬，此时可不覆土而覆地膜，同时将覆过粗土，菌丝已长入覆土层的菌袋放入菇棚、房内出菇，使采菇赶在元旦前夕，出菇后将料袋清出菇房，床面去膜后覆粗土，8 ~ 10 天后覆细土，6 ~ 8 天即可现蕾，第 16 天进入采菇期。春节后继续管理，再出 1 ~ 2 潮菇，约在 3 月上、中旬结束。此时可将培养料及覆土全部清出，然后进行彻底消毒以备春栽。

（3）春季畦栽及袋栽法　清除菇房后立刻进行发酵料层播，

必须将菇房温度升至15℃以上,覆土可在3月底4月初,4月下旬可采头潮菇,5月中旬采第二潮菇。此时如考虑6月下旬菇房温度过高不能降至25℃以下,可继续管理,让菇床继续出第三、第四潮菇,如能降至25℃以下,可将覆土及料表2~3厘米厚的培养料去掉,喷施追肥及1%的清石灰水,同时喷施杀虫、杀菌剂。待水渗入料后在料表平铺一层5~8厘米厚的袋料(已发好菌),覆膜,让菌丝愈合3天覆土,6月底7月上旬可出2~3潮菇。

采用上述方式栽培鸡腿蘑,不仅可充分利用空间场地,大大降低成本消耗,而且使出菇能力大幅度提高,单产由10~15千克/米^{2}提高到30~40千克/米^2,增产2倍以上,可明显提高经济效益。

(三)室内菇房栽培法

据福建林杰介绍,鸡腿蘑采用室内菇房栽培方法简单,操作方便,可收到良好效益。现将有关技术介绍如下。

1. 菌种制备

(1)母种配方

①马铃薯20%,蔗糖2%,磷酸二氢钾0.07%,硫酸镁0.05%,琼脂2%,pH 7.5。

②小麦(煮汁)5%,蔗糖2%,磷酸二氢钾0.07%,硫酸镁0.05%,琼脂2%,pH自然。

(2)原种配方

①液体培养基:葡萄糖30%,豆饼粉2%,玉米粉1%,酵母粉0.5%,磷酸二氢钾0.1%,硫酸钙0.2%,硫酸镁0.05%,pH 7.5~7.8。

②麦粒种:小麦粒98%,碳酸钙2%,含水量在5%,pH值7.5~7.8。

③粪草培养基:发酵后的粪草料70%,干牛粪粉20%,麦麸7%,碳酸钙2%,石膏1%,含水量在60%,pH 7.5~7.8。

(3)栽培种配方

①猪牛粪90%,鸡、鸭粪(或牛粪)8%,石膏粉1%,碳酸钙

1%，含水量在 60%，pH 7.5 ~ 7.8。

②蘑菇堆肥 30%，杂木屑 50%，麦麸 20%，含水量在 60%，pH 7.5 ~ 7.8。

③蘑菇堆肥 50%，棉籽壳 40%，麦麸 10%，含水量在 60%，pH 7.5 ~ 7.8。

以上菌种各配方任取一种，按常规方法配制，逐级扩大繁殖，经检验合格后备用。

2. 栽培方法

(1)菇房　要求坐北朝南，密闭性良好，环境良好，地势开阔，空气流通；光照好，但无直射阳光。菇房设层架，一般 5 ~ 6 层，层距 50 ~ 60 厘米，底层距地 20 厘米，顶层离房顶 0.8 ~ 1.0 米。下窗高出地面 20 厘米，每条通道中间房顶设拔风筒一个。

(2)培养料(100 平方米栽培面积用量)　干稻草 2000 千克，干牛粪 1000 千克，干鸡粪 300 千克，饼粉 30 千克，碳酸氢铵 30 千克，过磷酸钙 30 千克，石膏 50 千克，碳酸钙 40 千克，石灰粉 50 千克。

每平方米菇床投料量为 30 ~ 40 千克。

(3)堆制发酵　将稻草适当切短，与干牛粪、鸡粪等分别预湿后建堆，一层稻草、一层粪肥(湿牛粪、鸡粪、饼粉及石灰粉等)分层堆料，堆宽 1.6 ~ 1.8 米，堆高 1.5 米。边堆边喷水。建堆后 3 天第一次翻堆，翻堆时加入过磷酸钙、碳酸氢铵等，继续建堆发酵，再过 3 天第二次翻堆，加入石膏、石灰等。每次翻堆时适当补水，以堆水不流出为度。

(4)原料堆放　将以上堆料搬入经消毒后的菇房，关闭门窗。堆料集中在中间三层菇床堆放，堆料厚度由上至下分别为 30、33、36 厘米。培养料自然升温 50℃ ~ 52℃，当料温即将下降时，应想办法通过升温或往菇房通蒸汽，使料温升至 58℃ ~ 60℃，保持3 ~ 4 天，打开门窗，将经后发酵之料分散至其他各层，均匀摊放，各料层经按实后，总厚度在 15 ~ 20 厘米。

(5)播种与发菌　每 100 平方米培养料用 750 毫升麦粒菌种

50～60瓶。以穴播与点播方式播种，手拌料层，让菌种翻入料内，稍经压实后，控制室温在25℃左右发菌。早晚开窗通风换气。为了给料面保湿，可用报纸覆盖，需喷水时直接把水喷洒在报纸上即可，当菌丝萌发吃料后，即可将报纸去掉。室内空气相对湿度保持在80%左右。

（6）覆土培菌　覆土应在播种后35～40天当菌丝接近布满料层时为宜。取泥炭土、田园土、山土比例为1∶1∶1混合，暴晒、整细、消毒，使用前加入3%的石灰粉，并喷水拌匀，使之无白心后备用。用手将覆土材料轻轻撒播在料面上，播撒均匀，厚度为3厘米。

（7）出菇与采收　覆土后，控制室温在16℃～22℃；保持出菇室空气湿度为85%～95%，促进子实体发生、长大，出菇时控制过量喷水，防止菇体发生斑点病。从初见子实体原基，经9～14天，即可采收。

（四）室内层架栽培法

据上海市南汇县朱建标介绍，鸡腿蘑采用内层架式覆土栽培方法可取得较高经济效益。现将有关技术介绍如下。

1. 栽培季节

上海地区以秋栽为主，5—8月制种，9月下旬至11月出菇，第二年4—6月仍可采收。春栽1—2月制种，4—6月采收。其他地方可根据当地气候特点灵活安排。

2. 菌种制作

（1）母种制作　同“（三）室内菇房栽培法”。

（2）栽培种制作

①培养料配方

A. 菌种废料（或蘑菇废料）40%，棉籽壳40%，麦麸20%；按常规配制。

B. 棉籽壳80%，麦麸20%，堆制发酵，以每100千克堆料加石灰3～4千克调pH。

②装袋灭菌接种

以上两种培养基任选一种，用 17 厘米 ×33 厘米的塑料袋装料，每袋装干料 400～500 克。装袋后加压灭菌或常压灭菌，冷却后无菌操作接种，于 24℃～28℃下培养。

3. 栽培技术

(1)栽培料配方　以栽培 100 平方米菇床计：稻草 1000 千克，干猪牛粪 200 千克，石膏 50 千克，尿素 10 千克，过磷酸钙 30 千克，石灰 40 千克。

(2)堆制发酵　在 8 月中旬进行堆制发酵，按 5、4、3、2 天式翻堆后进入室内菇床(有条件的可进行后发酵)。

(3)播种培菌　室内设层架，培养料进入室内菇床架时应抖松，料厚 15～20 厘米，播种以撒播为宜，播种后轻压平整床面，待菌丝萌发吃料后，逐渐加大通风量，15 天左右培养料发满菌丝，即可覆土(覆土要求如前所述)。覆土后保湿通气，发菌 20 天左右现原基。

也可以用稻草堆制发酵料，培养料进床时，床面中间隔 15～20 厘米纵放两列菌种，再于稻草培养料上撒播菌种。覆土时先于两列菌种上覆土，待菌丝发满稻草培养料时再次覆土(也可一次覆土)。这种播种方法的优点是菌种集中，有群体优势，以便更快向培养料两边蔓延。

(4)出菇管理　鸡腿蘑出菇时，子实体生长需氧量大，要经常打开门窗换气，并要调整好温度、湿度和通气三者关系。还要防止风直接吹床面，引起菇体泛红起毛，降低产品质量。出菇期应将室温控制在 15℃～24℃，避免高温期覆土出菇，以防杂菌为害。

4. 采收

采收标准和方法同常规。

(五)室内框筐栽培法

据山东李桂英等介绍，济宁市利用闲置厂房，以发酵框架立体化栽培鸡腿蘑，每平方米培养料能产鲜菇 28 千克，为集约化工厂化生产管理积累了经验。其栽培技术如下。

1. 栽培袋制作

(1)栽培料配方　豆秸粉48%,棉籽壳30%,干牛粪10%,麦麸10%,生石灰1%,石膏1%,料水比1:1.6,pH 7.5。拌匀,堆制发酵。

(2)菌种选择　以选 Cr173 菌株为宜。

(3)装袋接种培养　选用18厘米×55厘米聚丙烯塑料袋装料,中间打孔接入菌种,采用两端接种法,接种量15%。每袋装干料500克。扎口后排放于20℃~26℃培养室培养,待菌丝发满,脱袋装筐覆土,上架管理出菇。

2. 框架结构

闲置厂房,东西长50米,南北宽10米,高3.5米,南北向放置三角铁框架;架长6米、宽1米,上下间距30厘米,上下共7层,框架间隔60厘米。

3. 塑料筐规格

长50厘米,宽40厘米,高20厘米,每筐装发好的菌袋3个,每袋湿重约1千克,每个筐内栽培面积0.2平方米,每5筐折1平方米菇床。发菌后脱袋、覆土。

4. 出菇

栽培实践证明:框架立体筐栽,每平方米菇床投料15千克,产鲜菇28千克。生物学效率可达300%以上。

(六)室外阳畦栽培法

1. 栽培季节

我国各地,春栽一般可选11月至次年3月制袋或播种,1—6月覆土出菇;秋栽可于5—6月制袋或播种,7—10月覆土出菇。

季节安排的主要依据是,子实体形成和生长温度在20℃~25℃。我国地域辽阔,各地气温差异大,应根据本地气温变化具体掌握。

2. 培养料配方

(1)稻草(切碎或粉碎)40千克,玉米秸秆(粉碎)40千克,干牛马粪20千克,尿素1千克,磷肥2千克,石灰3千克,水150千克。

(2)玉米芯(碎段)100千克,尿素1千克,石灰3千克,水150~160千克。

(3)棉籽壳100千克,磷肥2千克,尿素0.5千克,石灰2千克,水160千克。

以上任选一种,按常规配制。

3. 场地选择

选择通风向阳,排灌方便的堤坡地、果园、菜地及休闲田地整畦搭棚。畦宽70厘米,深20厘米,长度不限。

4. 播种、发菌

播前先沿畦四周撒石灰粉消毒,然后将栽培料送进场地铺平拍实,撒播一层菌种,共铺2层料,撒2层菌种,将料面压紧按平,料厚约12厘米,用种量15%。播种后在料面及四周覆盖1厘米厚的腐殖质土,以起保湿作用,最后覆盖薄膜保温、保湿,以利发菌。

5. 发菌管理

播种后,经常观察畦床料温变化,当料温超过30℃,应揭膜通气或将塑料菇棚两头打开降温通气。经2~3天菌种开始吃料,约经20天,菌丝布满整个料面,覆盖3~4厘米厚土(覆土为炭灰、阴沟泥、花园土等份混合体)。覆土后喷水保湿,保持畦面空气湿度在85%~90%。播种后一个月子实体原基开始出现,此时应在塑料菇棚上加盖漏缝的草帘,既可降温又可遮光。

6. 采收与采后管理

原基发生后7~10天即可采收第一潮菇,12~15天后又可采收第二潮菇。采收第二潮菇后停水4~5天,喷磷酸二氢钾和尿素液补充营养。整个采菇期可延续到第二年6月份。总共可采菇6潮,生物学转化率可达180%以上。

(七)室外大棚栽培法

据浙江柳青等报道,丽水地区以香菇废料为主料,以室外塑料大棚为栽培场地生产鸡腿蘑,取得较好的效益。现将有关技术介绍如下。

1. 栽培季节

春栽2月中旬至4月中旬制袋,菌袋发菌结束后越夏,8月底至9月初覆土出菇;秋栽为8月初制种,9—10月生产菌袋,10—12月出菇。

2. 菌种选择

以选用Cc9601丛生种为宜。各地可根据当地市场需求和气候条件,选用适宜的品种。

3. 栽培场地

室外塑料大棚,宽6米,高2.5米,长度20~30米。一般坐北朝南,多用钢管、竹片等,做成拱形,上盖多功能塑料膜,外层加盖遮阳网。冬季可增温保湿,夏季去除内层塑料膜,以外层遮阳降温,为鸡腿蘑生长创造适宜环境,可延长出菇期。

4. 培养料及配制

(1)培养料　香菇废料50%,棉籽壳30%,麦麸10%,棉籽饼粉8%,生石灰2%。

(2)配制方法　按配方称足1吨培养料,混合均匀。香菇废料在使用前必须经太阳暴晒1~2天。按每吨混合料用霉克星1号7千克、霉克星2号3.5千克,加入700千克左右清水中,用此药水拌混合料,使混合料含水量在58%~62%。

5. 装袋灭菌

采用宽20厘米、长50厘米聚乙烯筒装料,每袋装干料2.25千克左右,两端稍加压实,袋口扭结,不必扎实。将料袋送入灭菌灶或土蒸锅灭菌,当料温达到80℃,保持1小时即可;也可以使料袋上“大汽”后保持2~4小时停火冷却。

6. 接种

采用两头接种法接种,在两端袋口用塑料套环,加盖海绵窗套盖封口,也可用消毒棉塞、扎成把的稻草或玉米芯等塞于袋口。

7. 发菌管理

将菌袋置于20℃~30℃的通风阴暗处发菌。塑料大棚内气温特点:早春时,同一位置,垂直上下层昼夜温差大,要加强保温、通气;秋季时,棚内温度易偏高,要加强降温、增湿、通风。同时棚内普遍光照过强,不利于均匀发菌。因此,发菌期间,应有专人管理,克服一切不利因素,促进快速发菌。若气温过低,封闭门窗并加盖草帘增温,每天中午 12 时至下午 2 时应打开门窗通气;如气温过高,应在棚顶遮阳降温,并开启门窗,加强棚内外通风换气。还可以通过喷水或向棚内畦沟灌水等措施降温。菌袋接种后,单排堆放在经消过毒的大棚内床架或畦床上发菌,当菌丝覆盖菌袋表层后,菌袋可以堆放 2 ~3 层(床架)或 5 ~6 层(畦床),控制袋温在 25℃左右,25 ~30 天菌丝即可长满菌袋。

8. 覆土的准备

取火烧土、稻田土、菜园土等含有一定腐殖质、透气性良好的土壤,并用 1% 的霉克星 1 号水溶液喷洒消毒 12 小时,加塑料薄膜覆盖。再散堆摊晒 6 ~8 小时,用 2% 石灰水调 pH 和土壤湿度后使用。

9. 棚内做畦

在摆菌棒的大棚内开厢做畦,宽 80 ~100 厘米,深 20 ~30 厘米,长度因棚长而异,畦面成龟背形。往畦床及四周空地上喷洒 3% 石灰水,以杀灭杂菌、害虫。将脱袋的菌棒从中央截断,断面朝下摆立于畦床内,菌棒与菌棒靠紧,其间隙填塞稻草,或填掺入适量干畜粪的有机肥土。浇透水后再于菌棒表层覆土 2.5 ~3 厘米。

10. 出菇管理

当气温降至 20℃左右时,始终保持覆土层的湿润状态,同时往畦沟内灌水,去掉塑料大棚的草帘等遮阳层,增加光照刺激。光线刺激是鸡腿蘑子实体发生的必然条件,但出现子实体后,应减少出菇环境的光照,以提高菌菇的商品价值。经 3 ~5 天便有一批鸡腿蘑破土而出。

11. 采收及采后处理

从见到幼蕾,至子实体成熟需 7 ~10 天。当菇体呈结实棒状,菇盖上有少量鳞片,菌环刚开始松动,即可采收。采收时用一只手捏住菇柄下部,轻轻转动即可拔起。丛生品种采收时要尽量不牵动菇床菌丝及小菇。采收后及时清整床面,补充覆土,喷水保湿,覆膜养菌,使菌丝积累营养,促进下一批菇蕾发生。

利用塑料大棚进行设施栽培,菌袋成活率达99%,鲜菇单产15~20千克/米^2,生物学效率达100%以上。

(八)有机栽培法

随着人们生活水平的提高,有机栽培菇菌越来越引起消费者的关注,山东省新泰市多种经营办公室李强等对大棚鸡腿蘑有机生产进行了研究和实践,取得了较好效益,现将其栽培技术介绍如下。

1. 栽培季节

鸡腿蘑属于中温型菌类,出菇温度在15℃~18℃。利用大棚、拱棚等设施在春秋两季均可栽培。北方秋季以8月初到9月底,春季以1月初到3月初栽培较为适宜。

2. 菌株选用

应选择抗逆性强、产量高、单生或丛生,鳞片少,颜色纯白的鸡腿蘑菌株。北方地区一般选用CC8、102和特白1号等鸡腿蘑菌株。

3. 选场址搭菇棚

(1)选场地　有机鸡腿蘑的栽培场地应远离污染源,首先是四周无化工厂或大烟囱、禽畜场、垃圾堆;其次是交通便利;三是排水畅通,水源清洁、充足,不含超标的对人体有害的微量元素。

(2)搭菇棚　菇棚的搭建要求坐北朝南,棚周围要有合适的空地,用于培养料的堆制、覆土材料的处理等。每个菇棚的有效栽培面积以1000平方米为宜,长40米、内宽7.6米,棚内立体栽培,建4个床架,分别为中间床架宽1.5米,设置2个,中间走道宽1米左右,两边的床架宽1米(分别靠墙体)。菇床连地面算起共计5层,底层床面离地面高40厘米(从地面下挖深25厘米),中间3层床架间距不少于65厘米,上层离棚顶1米左右。两边走道宽0.8米,每条走道两头各开上、中、下及地面4个40厘米×30

厘米的通风窗，走道以水泥路面为佳。

4. 培养料配方

鸡腿蘑有机栽培，可选用酿酒的新鲜酒糟、酒糠作为主料，米糠、玉米芯及花生壳（粉碎）、麸皮作辅料。配方如下。

①酒糟 90%，石灰 8%，石膏 1.5%，碳酸氢铵 0.5%。

②酒糟 42%，玉米芯 38%，米糠 10%，石灰 8%，石膏 1.5%，碳酸氢铵 0.5%。

③酒糟 60%，花生壳 28%，麸皮 10%，石灰 1.5%，碳酸氢铵 0.5%。

5. 配制方法

将石灰、石膏、碳酸氢铵均匀拌入酒糟中，然后将花生壳、玉米芯、麸皮充分拌匀，调节 pH 9～11，堆制 6～8 小时，摊开凉凉，用25 厘米或35 厘米长的聚乙烯袋装袋，装袋方法和要求同常规。

6. 播种发菌

（1）菇棚消毒　栽培前，用 20% 的石灰水喷洒菇棚地面、墙壁，取硫黄适量置于瓷碗中用纸片引火点燃，或者把适量酒精倒入硫黄中点燃，进行空气熏蒸消毒，以消灭棚室内杂菌。

（2）播种发菌　采用层播法，播种量为 15% 左右，分 4 层播种，中间紧贴塑料袋内侧摆放 2 层菌种，袋两头的菌种均匀摊开，装完袋扎紧袋口，在菌袋的菌种块上用铁钉打眼、通气。

发菌时，根据气温决定菌袋码放层数。做到菌袋要勤倒，3～5 天倒袋一次，发菌期温度为 13℃～28℃，最适温度 18℃～23℃，26 天左右菌丝即可满袋。

7. 覆土要求

床架上部先覆土 3 厘米，将发满菌的菌袋去掉塑料袋，立着排放在床架上，四周用湿泥糊好，菌袋间距 1～2 厘米。

（1）覆土的处理　覆盖用土应选土质疏松、肥沃、洁净、无污染、干湿适度、pH 为中性或微碱性土壤，拌入 1% 的石灰粉和 0.2% 的高锰酸钾混合液，拌匀后堆成堆，覆盖塑料薄膜闷 3～4 天，以消灭病菌，杀死虫卵后使用。

(2)覆土方法　菌袋排好后,用土将缝隙处填实。鸡腿蘑菌丝生长发育成熟后,不接触土壤不形成子实体,应及时覆2~3厘米的土。覆土土粒不宜过大,最大土粒直径在0.5~1厘米。覆土含水量以手握成团,落地即散为宜。

覆土后用水管浇灌1次重水,再补土,整平畦面。保温保湿,料温在16℃~28℃。床面若过湿应通风散湿,过干应喷水增湿。当床面出现菌丝时,通风换气,如果床面出现杂菌,及时清除,以免蔓延。

当床面土壤表面出现大量菌丝时,调节棚室内散射光进行催蕾。注意通风换气,以利出菇。

8. 出菇管理

出菇期应避免阳光直射,影响菇体色度。随着菇体生长,每天酌情喷雾状水,保持床面温度,并注意适当通风,保持棚室内空气清新。

9. 采收及采后管理

鸡腿蘑成熟开伞后,子实体很快自溶,成墨汁状,失去商品价值。因此,应先于开伞前采收,以子实体七成熟、菌盖尚紧包菌柄基部时及时采收。采收时,用手握住菌柄基部左右转动之后,轻轻拔出,勿带出基部土壤。

采收后,及时清理床面,勿留残菇,每天向床面喷"保持水"1~2次,保持土壤湿润,且勿喷水过多,直到下潮菇蕾出现。一般采收3潮菇。

10. 鲜菇处理

鲜菇采收后两天即开伞,失去商品价值,应及时采取以下处理措施。

(1)包装上市　用无菌泡沫塑料盒和保鲜膜将鲜菇分级包装,每盒500克或1000克,进入超市。

(2)清洗杀菌　采收后用竹片刮除菇脚泥沙,用清水洗净,放入5%~7%沸水中杀菌3~5分钟,捞入流动的冷水中冲淘、冷却,保存待销。

(3)盐水浸泡　将40千克食盐用少量开水溶于大缸中,对入10千克冷水,搅拌成饱和盐水;将鲜菌菇放入另一大缸中,将饱和盐水倒入缸中,直到淹没菇体,并以竹片编成片块压盖,以防菇体露出盐水面变色腐败;压盖后表面撒一层盐,直到饱和为止。腌泡10天左右转1次缸,重新灌注饱和盐水、压盖、撒盐、护色,可保鲜60~80天。

(九)人防地道栽培法

据四川唐瑞生等报道,利用人防地道袋栽鸡腿蘑可收到良好效果,现将有关技术介绍如下。

1. 场地准备

进料前的防空洞先以石灰粉撒于地面,用65%高浓度石灰水喷洒四壁,并分次喷洒敌敌畏、克霉灵等杀虫、灭霉药物后,立即关闭洞口,48小时后打开洞口,并以鼓风机向洞内鼓风吹气后备用。

2. 培养料配方

棉籽壳45千克,食用菌菌糠(无霉变)38千克,米糠或麦麸10千克,切短稻草5千克,石膏、石灰1千克,加水量120~130千克,拌和均匀。

3. 装袋、灭菌

选用宽23厘米、长42厘米低压聚乙烯袋装料,每袋装1.5~1.8千克干料,两端袋口以塑料套环封口。随即于常压灭菌灶内100℃下维持10小时灭菌,并闷一夜后出锅。

4. 冷却接种

将灭菌后的料袋移于消毒接种间或接种箱内冷却至30℃后,按无菌操作规程在菌袋两端接种,套环封口。

5. 发菌管理

接种后,将菌袋移入人防地道内,排放于地上,控制室温25℃左右发菌,保持相对湿度80%左右及良好的通风、通气,除经常打开洞口及通气口通风外,还应定时往洞内用鼓风机鼓风,防止地道内废气积聚过多。并检查杂菌发生情况,及时对症处理。经

25～30天管理,菌丝即可长满袋。

6. 覆土出菇

发菌结束后,将地道内彻底清理一次,及时清除严重污染菌袋,将发好的菌袋顺洞长轴方向排列于地面,直立向上,于人防地道一边摆放6～8袋,长度8～10米为一段,段与段间距0.8～1.0米,拉直菌袋上端,距料面3厘米处剪去袋膜,露出菌丝料面。

将经整理、暴晒、消毒后的覆土,按一次覆土或二次覆土法,先覆2～2.5厘米厚粗土;后覆0.5～1厘米厚细土,控制覆土层总厚度在3厘米,并将覆土层用细水喷湿,加盖薄膜。当覆土层表面布满菌丝时,立即揭膜、通风、保湿,进行催蕾,10余天后即可现蕾。

7. 采收

从现蕾到采收7～10天。当菇体成棍棒状,色白,可见向上翻卷鳞片,菌环刚松动时采收。采收的鲜菇及时鲜销或加工。

(十)土洞大袋栽培法

据山东省农业管理干部学院牛贞福等(2012)报道,近年来在山东省平阴县人工土洞栽培鸡腿蘑已达到3000多个,总产值突破1亿元,填补了冬、夏两季大棚不能生产鸡腿蘑的空白,成为全国鸡腿蘑反季节生产第一大县。现将有关技术介绍如下。

1. 土洞建造

选择适宜的黏土沟壑,于距地面垂直厚度6米以上处,水平开挖长80～100米、宽2.4米、高1.8米的土洞。洞要直,洞口处应建缓冲室,一般长、宽、高各3米,前后门高1.8米,宽1.2米,以便进、出料。洞里端通风口上下垂直,下口直径1.5～2.0米,上口直径0.6～0.7米,总高度7.5～8.0米,一般高出地面1.5～2.0米。洞顶部呈弓弧形,洞内靠两壁可搭支架,进行多层栽培,中间设走道,宽0.4～0.5米。

2. 栽培季节

土洞栽培鸡腿蘑一般采取洞外发菌、洞内出菇方式,一年分3批,每批出菇2茬,洞内出菇管理期平均3个月左右。每批次间隔期约1个月。即从每年3月、4月份开始装袋发菌,5月中旬入洞覆土,6月上旬开始出菇,直到7月下旬第1批栽培结束。清理土洞及消毒后,于8月中下旬将第2批出菇菌袋入洞覆土,9月上旬开始出菇,直到10月下旬第2批栽培结束;第3批出菇菌袋发好菌后,于11月下旬入洞覆土,12月中旬开始出菇,直到翌年2月下旬至3月第3批栽培结束。

3. 品种选择

选用经过出菇试验、适于山东省气候及原料特点的优质、高产、抗逆性强、商品性好的鸡腿蘑品种或菌株,如瑞迪2000、特白33、特白36等。

4. 栽培技术

(1)原料选择　可用来生产鸡腿蘑的原料有棉籽壳、玉米秸秆、玉米芯、麦秸、稻草、豆秸、废棉、酒糟、菌糠及饼肥、麦麸等。要求原料应新鲜、纯净、无霉、无虫、无异味、无有害污染物和残留物。

(2)参考配方

①玉米芯60%,棉籽壳30%,麦麸5%,尿素0.3%,石膏粉1%,过磷酸钙1%,生石灰2.7%。

②菇类菌糠50%,棉籽壳38%,玉米粉7.5%,尿素0.5%,石灰4%。

③玉米秸秆88%,麦麸8%,尿素0.5%,石灰3.5%。

④玉米秸秆及麦秸各40%,麦麸15%,磷肥1%,尿素0.5%,石灰3.5%。

(3)堆料发酵　将拌均匀的培养料堆成宽1.5米,高1.5米长形堆,待温度自然上升至60℃后,保持24小时,然后进行第1次翻堆。翻堆时要把表层及边缘料翻到中间,中间料翻到表面,再升温到60℃后,保持24小时。如此进行3次。

发酵好的栽培料呈棕褐色,无异味,用石灰水调pH 7.5～8.0,含水量65%左右。

(4)装袋要求　用长70厘米,折口径60厘米低压聚乙烯塑料袋装料,每袋可装4千克左右干料,采用3层菌种2层料的方式装袋播种,用种量10%以上。装袋后在每层菌种上用细铁丝扎6~8个小孔,采用微孔通气办法进行发菌。

(5)发菌管理　发菌室室温控制在20℃~25℃,料温一般不超过26℃,空气相对湿度控制在65%以下,保持空气新鲜,遮光培养,并勤倒袋、常检查,发现杂菌污染,及时挑出处理。

(6)土洞消毒　土洞在换茬栽培前要进行彻底消毒和杀虫处理,旧土洞应铲除2~3厘米厚的洞壁墙土和地面土,用浓石灰水或波尔多液全面粉刷一遍。靠两边洞壁做出菇畦,畦宽约90厘米,中间留操作道,在畦底及四周撒一层石灰粉消毒。

(7)覆土准备　覆土材料最好使用草炭土,可以增加鸡腿蘑产量。覆土使用河塘、泥炭土、林地腐殖土或农田耕作层以下的土壤时,要求结构疏松,孔隙大,通气性好,有一定团粒结构,土粒大小以直径0.5~2厘米为宜,不含病原物、无虫卵、无杂菌,pH 6.8~7.5,覆土的湿度以能撒开为好。

(8)进洞覆土　等菌丝满袋再放置10天后,将菌袋移到土洞中,菌袋解口后在菌棒上覆盖约3厘米厚的覆土,适量均匀喷洒1%石灰水,最后用小拱棚覆盖畦面保湿,以利出菇。

(9)出菇管理　当覆土层上有1/3出现菇蕾时,要揭去小拱棚薄膜,保持洞内温度13℃~17℃。幼蕾形成后不宜直接向出菇畦喷浇水,以喷洒墙壁和浇湿走道为主,空气相对湿度85%~90%,定期通微风,保持空气清新,防止子实体畸形生长。

(10)病虫害防治　菇房内发生病害后,应及时清理掉病菇及病土病料,停止喷水,降低菇房湿度和温度,通过喷水、通风,创造不适于病菌、杂菌侵染和生理性病害发生的条件。

应用中生菌素、多抗霉素等农用抗菌素制剂可预防和控制鸡腿蘑多种病害,在无菇期使用多杀霉素、甲氨基阿维菌素、苯甲酸盐等,以及采用苦参碱、印楝素、烟碱、鱼藤酮、除虫菊素、茴蒿素、茶皂素等,防治菇房害虫。

(11)采收　当鸡腿蘑菌盖上有少量鳞片、菌柄开始伸长、菌环刚刚松动时,即可采收。一般在七八成熟时采收为佳。采下的鸡腿蘑要及时用竹片削去泥根,切口要平整,防止将菇柄撕裂。整理干净的成品菇放入泡沫箱中,及时保鲜或贮运外销。

(12)转潮管理　当1潮菇结束后要及时清理料面,将残菇、病虫菇、死菇、烂菇、病料及其他杂质彻底挖除,移出土洞外深埋,然后对菇畦喷1次重水,再补上新土,一般经10天后可出下潮菇。

(十一)箱式栽培法

据吴淑珍介绍,箱式栽培鸡腿蘑工艺简单,便于管理,适合城镇居民使用和推广。

1. 培养料配方

棉籽壳或废棉93%,麦麸5%,碳酸钙2%。

2. 栽培容器

木箱或打包带编织筐、水果箱、竹篓等均可。

3. 培养料处理

取新鲜、无霉烂的棉籽壳或废棉,以开水烫10~15分钟或用0.5%石灰水浸泡30分钟后,再用清水冲洗。废棉浸泡后用机械压榨,使含水量为65%~70%,并拌入麦麸、碳酸钙等。随即装于箱内入土蒸锅灭菌,待上大气后,保持6~8小时,移入接种室冷却。

4. 播种与发菌

接种室及发菌间要提前打扫干净,并进行消毒。一般室内可用硫黄燃烧后熏蒸,也可喷洒福尔马林。前者使用量为每立方米空间15~20克;后者使用量为每立方米空间8~10毫升。用药后均需密闭门窗24小时,才能打开门窗散气。接种工具、菌种瓶、袋口外部及操作人员的手均用70%酒精棉球擦洗、消毒。麦粒菌种必须先摇散,不得结块;其他类型菌种必须先弄成小指头大小的块状备用。

播种方式,层播、混播或穴播均可。把培养料装入栽培箱中,边装边播边压实,料层厚10~15厘米,上盖报纸保湿,然后于

20℃左右室内发菌。

5. 出菇管理

播种后7~10天,保持干燥,不喷水,控制温度在25℃以下,并给室内遮光。定期检查菌丝发菌情况。当菌丝长至培养料2/3时,可去掉报纸,并往培养料上喷水或喷洒1%~2%的碳酸钙液,使料面湿润,随即覆土。覆土材料:稻田土、红壤土、菜园土与煤渣混合均匀。覆土厚为2.5~3厘米。细水、勤喷为主,以保持覆土湿润。当床面有钉头状原基扭结时,加强菇房通风。随着子实体生长、发育,逐步增加喷水量和通气量。

6. 采收

当子实体不再增长,菌环开始松动时,即可采收。采收后及时整理好料面,促再次出菇。

(十二)生料袋式栽培法

据山东曲同祥等报道,采用多种生料原料,经速效堆制,即可用于栽培鸡腿蘑。省工节时,效果很好。现将有关技术介绍如下。

1. 培养料配方

(1)棉籽壳50千克,各种菇类栽培下脚料30千克,干马粪20千克,尿素0.5~1千克,磷肥2千克,石灰3千克,水150~160千克。

(2)各种菇类栽培料60千克,棉籽壳或秸秆粗糠20千克,干马粪20千克,尿素1千克,磷肥2千克,石灰3~4千克,水150~160千克。

2. 速效堆制

取上述任一配料,充分拌和后堆成高1米,宽1.5米,长度随意的料堆,加盖塑料薄膜四周压实,日晒增温;气温低时,应加盖草帘保温。经2天左右,料温可升至50℃~60℃,保温12小时后翻堆;复堆后当料温重新达到60℃,再保持12小时,即可终止发酵,散堆摊晾,用于播种。速堆期间,注意使料温不得超过60℃或使高温期持续时间过长,以避免培养料失重太多,造成营养消耗大,使出菇后劲不足。

3. 播种发菌

将上述速效堆料铺于畦床、层架或栽培箱内,料层厚15～20厘米。方法是铺一层料,播一层菌种,覆一层料,再接一层菌种,再铺一层料,使料表面满布菌种,菌种用量10%～15%,整平料面,稍加压实,覆盖2.5～3厘米肥沃沙壤土,并搭建阴棚发菌。25℃下发菌,25～30天即可使菌丝布满覆土层。

4. 出菇管理

发菌结束后,以降温、增湿、通风为重点,给予适量光照。在以上综合因素作用下,刺激菇蕾形成。在16℃～22℃,空气湿度85%～90%,保持室内空气新鲜,米粒状的菇蕾于7～10天形成,并随即破土而出。

5. 采收

当子实体生长10～12天,即可采收。

(十三)速生林地仿野生栽培法

据山东省胶南市农业广播电视学校徐洪海介绍,在速生林地仿野生套种鸡腿蘑,可收到良好效果。现将有关技术介绍如下。

1. 栽培季节

鸡腿蘑一个栽培周期为85～110天,其中发酵期10～15天,菌丝生长期25～35天,出菇期50～60天,每潮菇间隔10～15天,一般采3～4潮菇。

林地套种鸡腿蘑,以芒种前后出菇结束为宜。可以采用逆推法合理确定发酵、接种、发菌、摆袋覆土、出菇等生育时期。春栽在当地气温稳定在13℃左右,摆袋覆土后20～25天采第一潮菇。故配料发酵时间应前推55～80天,若自制二级种,还需再提前30～40天。

山东省林菌春夏套种,一般在上年12月中旬制种,翌年2月上旬配料发酵,2月中下旬接种发菌,3月下旬至4月上旬(清明前后)摆袋覆土,4月下旬至6月上旬采菇收获,这样可获得“冬养菌,夏出菇”的生产效果。

2. 栽培原料及配制

棉籽壳、玉米芯、麦秸、稻草、花生秸(壳)、豆秸、木屑以及食用菌栽培废料等,都是栽培鸡腿蘑的较好培养料,栽培时可依照本地资源情况,选择所需培养料。常用发酵料栽培配方如下。

(1)主料　棉籽壳70%,玉米芯30%;辅料:麸皮5%,石膏粉1.5%,干鸡粪10%～15%,生石灰6%～8%,三元复合肥1%,多菌灵(含量50%)0.1%。料水比为1:1.3。

(2)主料　棉籽壳40%,玉米芯30%,花生壳30%;辅料:麸皮5%,石膏粉1.5%,干鸡粪10%～15%,生石灰6%～8%,三元复合肥1%,多菌灵(含量50%)0.1%。料水比为1:1.3。

(3)主料　棉籽壳40%,玉米秸30%,豆秸30%;辅料:麸皮5%,石膏粉1.5%,干鸡粪10%～15%,生石灰6%～8%,三元复合肥1%,多菌灵(含量50%)0.1%。料水比为1:1.3。

(4)主料　阔叶树叶(木屑)60%,棉籽壳40%;辅料:麸皮5%,石膏粉1.5%,干鸡粪10%～15%,生石灰6%～8%,三元复合肥1%,多菌灵(含量50%)0.1%。料水比为1:1.3。

以上配方主料为干料,其主料总成分按100%计,辅料配比以主料为基数。玉米芯、秸秆、花生壳、木屑、食用菌废料等粉碎成黄豆粒大小,并在日光下充分暴晒2～3天后使用。

3. 培养料处理

鸡腿蘑栽培可分为生料栽培、发酵料栽培和熟料栽培三种方式,但以发酵料栽培居多。

(1)发酵料处理　将一定配比的干鸡粪(占干料的10%～15%),用500克辛硫磷对水7.5千克搅拌均匀,杀死虫卵,建堆后加盖塑料膜发酵。

(2)发酵建堆

①预湿主料:将主料混合均匀,预湿,使含水量达到65%。

②混拌辅料:除生石灰外,把所有的辅料一次性加入均匀湿透的主料中,使主辅料充分混合。生石灰按所需使用量平均分4～5次使用,即每次使用量占干料总量的1%～1.5%。

③培养料建堆：把所有主、辅料混合均匀后，建成宽 1.5 米、高 0.8 ~ 1.0 米、长度不限的长条状发酵堆，稍压实，然后在堆的周围用尖木棍每隔 40 厘米打两行直径 5 厘米、深至堆底的通气孔，进行有氧发酵。低温期加盖塑料膜、草帘保温。

④翻堆：建堆后，3 ~ 5 天，培养料的温度可达 60℃以上，并保持 12 小时后，开始第 1 次翻堆。翻堆前向堆料表面喷少量水，翻堆时将中间料翻到外边、两边料翻到中间。当培养料温度再次升至 60℃并维持 12 小时后进行第 2 次翻堆，以后每隔 2 天翻一次培养料，先后共翻 4 次，如果发酵好了，就可以装袋了；如果还不行，须再进行 1 次翻堆处理。每次翻堆时，按拌料量的 0.1% 加入 50% 多菌灵，以杀灭杂菌；同时，加入干料总量的1% ~1.5% 的生石灰。

经过 4 ~5 次翻料处理后，发酵料无氨味或其他异味，具有酱香味，料变得松软，颜色呈棕红色，发酵后培养料含水量在 55% ~ 60%，料温在 28℃以下，白色羽毛状高温放线菌的数量达到 60% ~70%，发酵料基本成熟，发酵即可结束。发酵时间一般在 12 ~16 天。

4. 接种与发菌

(1)装袋　袋料可选用长 45 厘米、宽 26 厘米、厚度 0.02 厘米的低压聚乙烯塑料筒袋。塑料筒袋一头密封或扎紧，装料后将另一头袋口扎紧。

(2)选用品种　北方夏季林地仿野生栽培鸡腿蘑，应选用发菌快、适温广、出菇早、产量高，适于多种培养料栽培的广适型品种，如 CC100、特白鸡腿蘑等品种。

(3)装袋接种　装袋前将发酵好的堆料散开，使料温降至 25℃开始装袋接种。把菌种掰成芸豆大小的块，先在袋的一头放一层菌种，上面放一层 8 厘米左右厚的培养料，再放一层菌种(中间菌种放在袋的周围)，共 4 层菌种 3 层料，最后袋口放一层菌种扎口，两端的菌种略多一些。鸡腿蘑接种量一般为干料的 15% 左右，每袋约装干料 1 千克。注意装料要松紧适宜。

(4)发菌期管理

①菌袋排放要求:将接好种的菌袋放在室内、菇棚内或树荫下堆垛发菌,一般南北向排放。秋冬季栽培时,在温度较高的10月以前发菌,堆垛3~5层;春季栽培的,10月以后至翌年3月以前发菌,堆垛6~8层。每排堆码4~6个菌袋,上下层之间呈"井"形堆放,行间留30~50厘米的走道。

②控制好温度:温度应掌握在20℃~25℃,高于30℃易造成烧菌,此时应及时揭膜并通过调节通风来控制发菌温度。当发菌5天左右,在每层菌种处,用消过毒的小钢钉环绕打孔8~10个。

③要注意防湿:菌丝在袋内所需水分不需外界供给,而是靠培养料现有的水分提供。为此,发菌场地要干燥,空气湿度保持在70%左右。如果场地潮湿,空气湿度过高,会引起杂菌滋生,导致菌袋污染。

④要防强光照射:菌丝生长阶段不需要光照,在黑暗条件下要比光线照射条件下生长迅速、整齐、均匀、粗壮,较强的光照对菌丝有抑制作用。室外发菌场地通过加盖遮阳网,尽量避免阳光直射。在码堆菌垛上面,通过覆盖草帘、加盖10~20厘米厚的麦秸或塑料膜等材料,既能保温保湿,又可避光。

⑤定期翻垛:发菌培养期间,每隔8~10天翻菌垛1次,翻垛检查2~3次,翻垛时要做到上下、里外、侧向相对调,以利菌袋通风换气均匀,发菌平衡。尤其秋季栽培,前期气温高,发菌棚要加强通风和降温。如掀开菇棚边及覆盖物,打开所有通风口使空气对流,从而加大空气流量,降低温度,提高发菌成品率。

按上述管理方法,20~30天菌丝就可长满菌袋。

5. 林地套种管理

鸡腿蘑属中温型菇类,出菇温度在10℃~26℃。传统的鸡腿蘑生产,多采用大棚、半地下式或地下式菇棚、拱棚等设施,在春、秋两季生产。

春季多在2—5月、秋季9—12月出菇。按照仿生学理论,实行林地套种鸡腿蘑,更易调节温度、湿度、光照和空气中二氧化碳等,有利于创造适宜鸡腿蘑生长发育的生态环境,实现鸡腿蘑的越夏栽培。其栽培管理措施如下。

(1)选择适宜栽培场地　选择光照适度、离水源较近但无积水,通风好的林地作套种场。北方实行林菌套种,选择行距4米、株距3米,4~5年树龄的速生杨树林为宜。树龄过小,遮阳避光降温效果差,遇到夏季高温时需加盖遮阳网,以防高温烧菌;树龄过大,套种行内光照不足、通风透气效果差,不利菌丝生长发育。为此,子实体生长阶段常以"三分阳七分阴"为光照强度界限,确定是否加盖遮阳网。

(2)严把建棚做畦质量关

①搭建遮阳棚:先在栽培场地四周挖好排水沟,清除地面杂物。在4~5年树龄的速生杨树林行间搭建遮阳棚。拱棚体地面外边缘离树行0.5米,中间最大弧高度2.5米,门体高度2米,每隔3~4米设置钢管或竹竿承重架,承重架之间每隔1米用竹披做固定支架,支架外覆盖大棚膜,以防淋进雨水。然后在塑料大棚膜外加盖遮阳网,以避免透光和降温。遮阳网用绳子固定。

②建造菌畦:按遮阳棚方向,平行做2条浅菌畦,菌畦宽1~1.2米,深0.2米,长度不限,畦底压实,畦埂拍实(地干先浇水),向外倾斜,以利排水。菌畦间留0.4~0.6米宽的作业道,外缘畦埂宽2米。

③安装增湿装置:在遮阳棚内顺着中间作业道的一侧埋设一排管道,每隔4~5米设置1个双面微喷头,以便向遮阳棚内喷水、增湿。

(3)科学排袋覆土

①覆土制作:鸡腿蘑有不覆土不出菇的特性。覆土材料要求结构疏松,孔隙度高,通气性能良好,有一定的团粒结构,如黏壤土、菜园土、河泥土等。覆土材料的配制:一般黏壤土或河泥土75%,炉灰渣25%;另加磷肥0.5%,生石灰1%,多菌灵0.1%,敌敌畏0.1%,pH 8~9,土壤湿度以在手中捏成团、撒手即散为准。

同时,摆袋前,顺着畦面撒一层石灰粉或驱虫剂杀虫,灌一遍透水。

②脱袋覆土:将发好菌的菌袋去掉外膜,采用卧埋方式横排摆入已处理好的畦床内,每米长排22~25袋,畦内发菌袋之间行距和间距均为3~5厘米,间隙用处理好的营养土填充,用大水漫灌一次,使土壤和菌棒紧密连接。然后,再在菌棒上覆3~5厘米厚的营养土,覆土后喷水调湿,并盖上地膜保湿,促进菌丝向土层中生长。温度应掌握在22℃~25℃,注意保持土层湿润。覆土7~10天,当畦面土层出现大量菌丝后,揭去地膜,加强通风换气;覆土15~20天,菌丝即可穿透土层并出现原基形成子实体。此时喷一次出菇水。

(4)出菇期管理

①温度:当菌丝布满畦床后,应将温度调整到子实体生长最适温度14℃~18℃。出菇温度可以通过揭盖草帘和通风换气进行调节,如棚内温度超过25℃以上,以增湿降温为主。

②湿度:破土现蕾后,管理上以增湿、增氧为主,保持空气相对湿度为85%~90%,每天向棚室内空间喷雾状水1~3次,保持土层湿润。注意不能向子实体上喷水。

③通气:出菇期应加强通风换气,每天通风1~3次,每次30~40分钟,有利于刺激菌丝迅速扭结形成菇蕾。换气时应避免强风直接吹入畦床,以免影响菇的色泽和质量。可根据出菇的多少灵活掌握通风量,低温季节每天11:00~14:00通风,高温季节每天早晨和傍晚通风,阴雨天加大通风。

④光照:出菇棚室内要保持一定的散射光。光线过弱,出菇慢,产量低;光线过强,子实体生长慢,品质差,色泽发黄,商品价值低。因此,要加盖遮阳网及草帘等遮光材料。

6. 采收及采后管理

当菇蕾长出后10天左右,子实体长至圆柱形或钟形时,颜色由浅变深,菌柄伸长,菌盖与菌环未分离或刚刚松动时就要适时采摘。采收时用小刀从菇蒂基部将菇切下,洗净后鲜销或盐渍。

头潮菇采完后，应及时把菇床清理干净，除去杂物、烂菇、泥土；停水3天，以利菌丝恢复，然后将菇根清理干净，补足覆土，喷水，养菌，控制好温湿度，促下潮菇现蕾生长。如此反复，每潮菇间隔10～15天，可连续出菇3～4潮。

（十四）整草栽培鸡腿蘑法

据胡文华介绍，用稻草、麦草、禾草整草直接露地栽培鸡腿蘑，取得了100千克干草产菇150千克的好效益，其原料易得，方法简便，管理粗放，现将有关技术介绍如下。

1. 栽培季节及场地选择

秋冬春三季，房前屋后闲散地，荒野坡地、农闲田、落叶林地等地块均可进行露地栽培；夏季以林荫地或瓜、豆、葡萄棚架下栽培为主，也可与荫蔽度大的农作物行间套作。

2. 菌种生产

母种、原种、栽培种均采用广谱通用型YMS菌种培养基方法制备接种，培种后置20℃～28℃洁净环境遮光培养，10～20天菌丝可长满试管或瓶，成品率达98%。

3. 整草软化处理

将干燥无霉变的整草翻晒2天，捆扎成约5千克的小捆，分批置入3%石灰水中浸泡15～20分钟，使草捆浸湿泡透。捞起沥水至无成串水珠下滴后建堆发酵。于水泥地坪或栽培场地面平铺底膜，膜上用10～15厘米粗的木棒垫底，将草捆卧放搁置于木棒上成堆。全堆覆膜连同底膜一起围捆严实使其发酵。当堆温升到60℃，延续至次日上午翻堆，另铺底膜，将草捆直接转置于底膜上码成新堆。去掉原底膜上的木棒，新堆连同底膜一起覆膜捆实继续发酵。当堆温升到60℃，维持至傍晚松开捆绳，次日散膜播种。

4. 播种栽培

清除栽培场地杂草及4～5厘米深的表土层，按宽1.2米、深20厘米、长度不限做畦，畦中留1条宽20厘米的土埂分畦床为2小畦，四周开挖宽20厘米、深30厘米的排水沟。栽培前一天用

3%石灰水浇洒畦床,铺草前先于畦底撒一层过筛的干畜粪,再将草捆散开,整草顺畦长均匀铺放,每平方米铺草 4 捆,干重约 20 千克,厚约 25 厘米,用种量为草料重的 15%分层播种。即底层铺草约 5 厘米厚,播菌种 3%,撒一层经 3%石灰水润湿的干畜粪(下同),中间层铺草约 10 厘米厚,播菌种 5%,撒一层畜粪,上层铺草约 10 厘米厚,播菌种 7%,撒一层畜粪。床面用铁锹和木板拍平拍实,取畦床四周潮湿的大小不等的粒状畦土覆盖 3~4 厘米厚,用 0.5%石灰水喷洒润湿覆土,其上撒一层草木灰,再覆盖 10~15 厘米厚的疏松弓形干草被,用宽 2 米的长幅塑膜全畦床覆盖,周边压实,疏通好排水沟,以利发菌。

5. 发菌和出菇管理

只要不遇连降大雨和渍涝,可任其自然萌发生长,一周后检查菌种吃料情况,用减少或增加床面草被厚度或再在覆膜层上罩覆弓膜的方法调控床温在 20℃~28℃,一般 25~30 天可见菌丝穿透草料破土而出。此时应去掉床面草被。覆膜改罩弓膜,适当向排水沟内灌水和床面喷雾,逐渐提高空气相对湿度达85%~95%;以拱膜周边的拱洞增加通风和给予散射光照诱导催蕾。当畦床上面出现白色原基即菇蕾时,应注意在弓膜上覆盖草帘或散草遮阳,保持以上所述的温度和湿度。随着菇蕾伸长膨大,可每日 5~6 次向菇床喷雾磁化冷开水。不久即可采收第一潮菇。

6. 采收与后期管理

当子实体达 7 成熟,即菌盖紧包菌柄未开伞前及时采收,以防开伞变墨汁和菌体自溶而失去商品价值。采菇用利刀或剪刀于菇蒂基部切取或剪取菌菇,清洗干净后上市鲜销或干制分级包装。

头潮菇收完后及时清除床面菇蒂及覆土 3 厘米厚(用沃土补覆),用 0.5%石灰水喷洒润湿,如前述方法撒草木灰、覆草被、盖膜、养菌,不久即可采收 2 潮菇。重新清理床面,去 3 厘米深覆土,风干 2 天,用锥形木棒于床面间距 15~20 厘米打孔深至底,撒 1 层过筛干畜粪或干禽粪,用晒干的肥土或沃土补足覆土层,灌水浸泡畦床 24 小时，排除多余积水，抢墒在床面撒 1 层草木灰，继续如前养菌出菇。如此反复更换覆土层补充养分，可采鲜菇4～5潮，总生物学效率可达 150% 左右，最高可达 200% 。

（十五）麦秸发酵料栽培法

据山东菏泽地区科技开发中心王灿莲等的报道，鸡腿蘑的栽培，多数是以木屑、棉籽壳为主，熟料栽培，工艺比较复杂。为进一步发展鸡腿蘑生产，采用新的廉价原料，以麦秸为主料，生料栽培鸡腿蘑也可获得稳产、高产的效果。其生产工艺简便，值得大力推广。

1. 栽培季节

鸡腿蘑属中高温型菇类，出菇温度范围一般在 10℃～30℃，一年中除最热和最冷的月份外，在室内外均可栽培，但以秋栽为最好。如果在秋冬季在塑料棚内进行，效果更理想。

2. 栽培料配方

（1）麦秸 100 千克，干牛粪 20 千克，棉籽饼 5 千克，过磷酸钙 2 千克，石膏 2 千克，石灰 3 千克，尿素 0.5 千克。

（2）麦秸 100 千克，棉籽饼 8 千克，麦麸 5 千克，玉米面 3 千克，石灰 3 千克，石膏 2 千克，磷酸二氢钾 0.5 千克，尿素 0.5 千克，硫酸镁 0.1 千克。

麦秸要求新鲜无霉变，要选用麦秆被轧扁的麦秸。用脱粒机脱粒的圆秆麦秸，必须经轧扁或铡短方可使用。

3. 栽培料的处理

（1）软化　用 2% 的石灰水把麦秸浸透脱蜡软化。如有水池，将石灰水放入池内，把麦秸浸透；如没有水池，把麦秸放在干净的地面上，用 2% 的石灰水一层层的浸透，把浸湿的原料堆成高 1.5 米，形状随意的堆，覆盖薄膜，2 天后料温升到 50℃～60℃，麦秸蜡质消失变黄、变软。

（2）发酵　把软化好的原料堆成宽 2 米，高 1.5 米，长度不限的长方形堆，方法是：先按规格铺一层厚 20 厘米的料，撒一层牛粪或碎棉籽饼，接着浇一遍水，把粪（饼）浇湿，使一部分被冲入料内,如此层层进行。牛粪要打碎撒匀,水要补足至有水溢出。堆边要平直,顶部呈龟背形,上盖薄膜。建堆后1~2天,堆温可达到60℃以上。这时,应揭去薄膜,以利通气散热,维持8~10小时,进行翻堆。方法是:先把表层约20厘米厚的一层扒放在一边,翻料时注意上下、里外料互换位置,同时将尿素、石膏分层撒入,并补足水分,达到手握紧料,有3~4滴水滴下为宜。复堆后的堆形与原来相似。覆膜后,待堆温升到60℃以上,维持10小时,进行第2次翻堆,结合翻堆补入磷肥,方法同上。这样,共翻堆3次,8~10天,发酵完成。此时,麦秸呈棕色,手握有弹性,稍用力一拉即断,无异味,pH 7左右,含水量60%,即可铺料播种。

4. 播种发菌

第3次翻堆后隔1天散堆,将配方中的麸皮、玉米面撒入料中,同时喷入0.1%的多菌灵和0.2%的敌敌畏,拌匀,进棚铺料播种。将料直接铺在棚内地面上,厚20厘米,宽1.5米,中间留走道30厘米。当料温降到30℃以下时,开始播种,播种量一般为15%左右。播种时,采用穴播加撒播相结合的方法,先用直径2~3厘米的木楔打洞,洞距15厘米,直打至料底,以利通气,把菌种掰成核桃大小,塞入洞中,上面似露非露,接着把剩下的菌种撒一层,再撒1厘米厚的料,盖住菌种,上覆薄膜,保湿发菌。一般播种后2~3天菌种发白萌动,4~5天开始吃料。菌丝吃料后,需揭膜通气。开始,每天1次,每次1小时。以后,逐渐增加通风时间,当上层菌丝封面后,把薄膜全揭去,使上层料稍干,促使菌丝向下生长。

5. 覆土养菌

鸡腿蘑和双孢菇一样是土生菌类,子实体的生长离不开土,所以菌丝长好后,必须在土中才能出菇。覆土要求,用半沙、半淤泥的壤土。应在大田或林地取距地表10厘米以下的土,置太阳下晒2~3天,拍碎过粗筛,喷洒5%的甲醛和1%的敌敌畏液,把土粒调到半干、半湿,覆膜48小时,消毒杀菌,然后加1%的石灰粉拌匀待用。当菌丝长至料厚的2/3以上时覆土。土厚4厘米,一次覆完。注意把菌床的四边覆严土，形成一个四边有斜坡的长方形台面，可增加出菇面积。然后喷水将土的湿度调至20%，通风晾1天后，覆膜培养菌丝。

6. 出菇管理

一般覆土后10~15天，菌丝开始长进土层，并接近土表。这时应揭去薄膜，加强通风，使土层表面稍干，促使菌丝在土层内发足，土内的菌丝开始变粗时，再喷大水一次，使土层湿度达到20%以上，空气相对湿度达到90%左右，适当增加通风，保持棚内空气新鲜。一般覆土后20天左右，开始出菇。

7. 采收与采后管理

待菇柄伸长，颜色变白，菌盖未松动之前，及时采收。采收方法：用手直接拔出，带土部分用小刀刮去一层皮，根部不必削齐。采菇形成的穴，用细土填平。再如上述方法管理。一般可采3~4潮菇，生物转化率达90%以上。

8. 注意事项

(1)鸡腿蘑菌丝分解纤维素、木质素的能力比双孢菇菌丝强，因此，它的培养料发酵时间应比双孢菇的短。如时间过长，反而效果不好，菌丝很弱，产量低。

(2)栽培过程中，鸡腿蘑菌丝需氮量比双孢菇少，即C∶N比双孢菇大。培养料中，如牛粪、饼肥、氮肥用量较多，不一定能提高鸡腿蘑产量。

(3)菌床四边土覆严效果好，产量高。覆土时，凡用土覆严菌床四周的，结果四边出菇比中间还密，增加了出菇面积，可提高产量。

(十六)玉米芯发酵料栽培法

玉米芯是山区和北方不少地方的大宗农副产品废料。利用玉米芯袋栽鸡腿蘑，具有省工、省时，原料成本低，经济效益高等优点，可大力推广。

1. 栽培季节

一般以8—9月开始制袋，9—11月开始采收。

2. 培养基配方

玉米芯 84%,麦麸 10%,豆饼粉 2%,石膏粉 2%,过磷酸钙 1%,石灰粉 1%。

3. 堆制与发酵

玉米芯、麦麸、豆饼粉要求无霉变。先把玉米芯粉碎或碾压成花生米粒大小的粒,并与其他辅料暴晒 2~3 天,以利杀菌和灭虫。

将以上各料混合均匀,加水调拌,使其含水量为 50%~55%。最好在水泥地面上堆制发酵,发酵堆宽 1~1.2 米,堆高 0.8~1.0 米,长度随意。待料温升至 60℃~70℃再维持 24~36 小时翻堆,翻堆时将溶于水的石膏粉拌入。再次翻堆时加入过磷酸钙,前后共翻 3 次堆,翻动 2 次后调节发酵料含水量为 50%~56%,以手抓培养料,指缝间有水溢出而不滴下为度,测 pH 在 6.5~7 为宜。

4. 装袋、接种

发好的料散堆,排出有害气体、降温。将料装入(22~24)厘米×(45~50)厘米聚乙烯筒料袋中,压实装紧,接种按无菌操作规程进行。接种温度在 24℃~26℃,在袋料中接入 2~3 层菌种,两端覆满菌种,分别塞入经石灰水浸泡、消毒过的玉米芯,用线绳扎紧。

5. 发菌管理

接种后在相对湿度 70% 左右发菌。为防止料温升高,接种菌袋必须按 1~4 层摆放,严禁超高堆放。要求每 5 天翻动一次,清理污染菌袋,发菌间要经常喷消毒剂,加强通风。25~30 天,菌丝长满菌袋。

6. 出菇管理

将菌袋脱去塑料袋,竖立摆放在经消毒处理的出菇场地。每个菌袋间隔 1 厘米,每 8~10 个菌袋为一排,摆放长度随意,一般出菇房置 2~3 排菌袋,排与排之间留出人行走道。菌袋与菌袋间隙及整个出菇床面以覆土层填塞。覆土的制作:取地表下 10 厘米深田园土 7 份、砂土 3 份,先混合并整散、过筛,于烈日下暴晒2天后，加拌5%福尔马林和1%敌敌畏，洒水后拌均匀，含水量60%～65%，做圆形或长条状土堆，加盖薄膜熏蒸消毒48小时，散堆后即可使用。覆土层厚约3厘米，使土层始终保持湿润状态，促进菌丝生长。

经15～20天精心管理，菌丝即可穿透覆土层并出现子实体原基。此时要保湿，维持空气相对湿度85%～90%，温度保持在16℃～24℃；加强出菇时的通风换气及菇床的散射光照射，结合喷水，喷洒激素或营养液。

7. 采收及采后管理

子实体经8～12天生长，达到八分成熟时及时采收。采收一潮菇后，清除菇茬残体，整理床面，并适当给菇床补充覆土。停水3～4天后，喷水保湿催菇，12～15天后，即可采收第二潮菇。约可采收3～4潮菇，生物学效率可达120%左右。

（十七）苹果渣高产栽培法

应加强苹果加工后废渣的综合利用。利用苹果渣栽培鸡腿蘑，菇体肥大，单个重达150克左右，获得了生物学转化率达216%的高产效果，值得积极推广。

1. 菌种选择

菌种以选用CC100为宜。

2. 培养料配方

鲜苹果渣70%，棉籽壳15%，麦麸12%，石灰3%，另加三元复合肥0.5%，克毒净0.1%。

3. 堆制发酵

把棉籽壳摊开，以少量水拌和石灰、溶解克毒净，洒在棉籽壳上，并与鲜苹果渣混合后，送入拌料机搅拌均匀，料中含水量在65%左右。用手握料，以指缝有溢水而不滴下为度。

以上拌和料建成宽为1～1.5米，高1～1.2米的长堆。在料堆上每隔30～50厘米，从堆顶向下至底插通气孔，孔径5～8厘米。然后盖上薄膜和厚草帘，保温、保湿。当堆料中部堆温达50℃以上时（约3天），进行第1次翻堆，以后每隔1～2天翻堆1

次,使堆料发酵均匀,一般要翻堆3~4次。最后1次,达到料堆有大量白色放线菌“点状物”形成即可。

4. 装袋接种

于装袋前一天,把三元复合肥拌入堆料中,拌和均匀,分装于宽26厘米、长40厘米、厚0.02毫米的聚乙烯袋中,边装料边接入菌种,菌种分层夹埋于原料之中,袋料中间可以放1~3层菌种,袋料两端满布菌种,以造成菌种优势。每袋装干料1千克左右,菌种用量为干料重的10%~15%。

5. 发菌培养

为了增加发菌速度,可在接入菌种的部位,用消过毒的小钉板(即钉有铁钉的木板)在袋外扎孔(注意只能在布有菌种处扎孔),以增加通气,促进发菌。经25天至1个月,菌丝即可长满菌袋。

6. 脱袋覆土

预先挖建好出菇畦床,床宽90厘米,畦深25~30厘米,长度随意。将发好的菌袋脱去薄膜后,立放于大棚内挖建好的出菇畦床内,袋与袋间距2厘米,以营养土填塞。并在菌袋摆放完毕后,用营养土覆盖,覆土层厚2.5~3.5厘米(营养土砂:土为3:7,并加拌千分之一的三元复合肥,充分拌匀)。喷适量水,湿润覆土层,促进出菇。

7. 采菇

覆土后10~15天,出现子实体原基;原基出现后8~10天,即可采收第一批鲜菇。

采收第一批菇后,清除料残物,保湿养菌,10天左右又可采收第二潮菇,先后可采4~5潮菇,总生物转化率达到216%。

(十八)白鸡腿蘑驯化栽培法

白鸡腿蘑原名小孢毛鬼伞,异名鸡腿蘑卵孢变种。白鸡腿营养丰富,肉质肥厚,味鲜可口,香味浓郁,值得大力推广。

1. 培养料及配方

棉籽壳97%,石膏2%,蔗糖1%;水65%(即料水比为1:

1.8),pH 自然。

2. 原料处理及接种

先将棉籽壳浸泡预湿,加拌石膏粉,含水量在 65% 左右。再在栽培菇床上铺一层草垫,草垫上撒上少许菌种,于菌种上铺一层约 3 厘米厚的培养料;料上撒一层菌种,于菌种上继续铺培养料至 10 厘米厚,达到每平方米菇床铺 20 千克培养料。并于料面上撒一层菌种,用种量为 10% 左右。播种后将料面轻轻压实,覆盖塑料薄膜。

3. 发菌、覆土

控制室温在 22℃ ~24℃,发菌培养 20 天左右,菌丝即可长满菇床。此时即可覆土,覆土粒为小指头大小,覆土层 3 厘米。并喷一次透水,继续培养 10 ~15 天,菌丝即可穿透覆土层。

白鸡腿蘑的栽培还可以采用挖瓶栽培和填料播种法等。其做法是将栽培料从瓶中挖出,直接压入栽培箱中,栽培料层厚 10 厘米左右,并立即覆一层厚 3 ~4 厘米,蚕豆大小的湿土粒,于 24℃ ~26℃下培养 10 ~15 天,当菌丝恢复正常生长并连接在一起时,将培养温度控制在 17℃ ~19℃,空气相对湿度在 85% ~90%,并加强通风换气,诱导出菇。

4. 出菇、采收

控制出菇温度在 20℃以下,空气湿度在 90% 左右,并给予适当光照,5 ~8 天即可出菇。再过 10 天左右,于八分成熟时采收。

(十九)鸡腿蘑与辣椒间作栽培法

随着日光温室高效栽培技术的迅速推广,蔬菜反季节生产效益显著。为进一步提高温室利用率,增加农民收入,可在温室内进行多种菌菜间作套种。现将鸡腿蘑仿野生穴点栽培与辣椒间作栽培技术简介如下:

1. 菌种制作

制母种用 PDA 加富培养基,原种用谷粒培养基,栽培种用棉籽壳为主料,即棉籽壳 50 千克,玉米面 4 千克,磷肥 750 千克,干牛粪 5 千克。于 8 月下旬制母种,在常温下培养 10 天菌丝即可长满斜面。原种于9月上旬制作,栽培种10月上旬制备。培养料要求,调含水量在60%左右。料拌好后闷堆2小时,使料吸水均匀。用17厘米×33厘米聚丙烯袋装料,常压灭菌保持10小时以上,灭菌后及时出锅,待料温降至室温后按无菌要求接种,最好在早晚凉爽时进行接种。接种后置于消毒的房间,在25℃~27℃下避光培养,经30天左右发菌结束,即可获得菌种。

2. 配制土肥

由于穴点栽培是由菌种的菌丝直接从土壤中吸收养分,因此配制土肥时能否保证养分是优质高产的关键。

(1)土肥配制　其配方(以长50米×宽8米的日光温室面积计算)为:优质腐熟农家肥6000千克,精肥265千克(即饼肥100千克,过磷酸钙50千克,尿素15千克,干牛粪或鸡粪100千克),混匀后调含水量70%,堆成梯形让其自然发酵,每5天翻一次堆,共翻3次。

(2)畦床准备　在温室地上深翻细耙做畦,做成南北走向70厘米宽的畦,在畦中间开一条宽20厘米的小沟,将畦分成2个小畦,2个大畦中间留30厘米宽的走道,以便操作。

3. 播种要求

(1)辣椒栽培　辣椒栽培按常规在春季进行栽培,即3月中下旬播种育苗,4月上中旬定植,畦宽1.5米,栽两行辣椒,中间宽80厘米,以便套种鸡腿蘑。定植后约1个月,此时辣椒长势旺,又有一定的遮阴度,是鸡腿蘑最佳的栽培时机。

(2)鸡腿蘑播种　在每一小畦内按20厘米的距离分别埋入一块直径2厘米的菌种块。点穴播种共需菌种约25千克,经20天左右,在埋入菌种的地方相继出现白色原基,此时要防止直射阳光,当子实体达七成熟即菌盖紧包菌柄未开伞前,及时采收。

4. 效益分析

辣椒间作鸡腿蘑,可以充分利用土地。由于利用了点穴栽培新技术,所以在一个50米×8米的日光温室内,在常规蔬菜种植的情况下,可一次性播种3000穴,菌种费用约40元,可收鲜菇约

350千克,产值4500元左右,此时外界气温极低,市场上已无新鲜新鸡腿蘑出售,菇价较高。由于菌、菜的相互促进作用及土地营养的增加,辣椒可增产57%左右,每亩(667平方米)可增值3000多元,在增加少量投资的情况下,菌、菜两项可使每亩温室增加效益近8000元。

此种栽培模式除与辣椒间作外,也可与其他蔬菜,如茄子、丝瓜、豆角等套种,其经济效益也十分可观。

(二十)鸡腿蘑周年生产法

近些年来,随着食用菌食品的宣传和普及,市场上对食用菌产品,尤其是鲜菇产品的需求,呈现出一年四季均衡需要,客观上为食用菌生产向周年化发展提供了发展空间。鸡腿蘑作为一种新型食用菌,容易栽培,具有良好的营养保健功能,肉质细腻,鲜美可口,消费市场广阔,应该向周年生产方向发展。其栽培方法如下。

1. 秋季畦栽法

东北地区、华北地区、长江流域以南地区,可分别于7月底至8月上旬,8月中旬及8月下旬,8月底或9月初;9月中至8月下旬,从北向南,每个区域分别推迟10~20天堆制发酵,播种、出菇。

以华北地区为例,具体做法为:8月中、下旬堆料发酵,8月底至9月初播种,9月中旬覆土,10月初现蕾出菇,采收3~4潮菇后,整理出菇料面,清除料面3~5厘米表土和培养料,向料面喷1%生石灰水。并用一干净尖木棒按8厘米×10厘米距离,从料面往料底插孔,孔径1.5~2厘米,往孔洞内注入营养水,或向菇床表面喷施营养剂。营养剂配制方法:干制粪肥用石灰水预湿,堆沤10~15天后,加入等量的肥土和少许草木灰,调pH 8左右。喷营养剂后,对出菇房进行气雾消毒,密闭门窗24小时后打开门窗通风散气,促进再次出菇。

2. 冬季袋式覆土栽培法

把发好菌丝的料袋去膜后,放置在料床上,袋与袋间隔2~3厘米,袋间隔处填发酵料或发好菌的袋料(不得用生料),待其发菌、覆土出菇。经过覆土,菌袋经适温、高湿、通气及光照等综合因素刺激,促进菌袋在元旦前后出菇应市。

采收第一潮菇后,整理菇床,先覆少许粗土,8～10天后覆细土一层,用水喷湿土层,6～8天又可见到菇蕾,第16天进入二次采菇盛期,此时正是春节前后销售旺季,经济效益高。春节后还可出1～2潮菇,约在3月上、中旬,即可清理菇房,消毒后供春季种菇作场地。

3. 春季畦栽及袋栽法

按常规方法配料、装袋、播种、发菌;发菌后的菌袋可在室内菇房出菇,也可脱袋后放入床畦出菇。室内菇房出菇的,应将菇房温度控制在15℃以上。北方春栽,多以室外塑料大棚作菇房,利用太阳能增温。

南方春栽,以长江流域为例,3月上、中旬平均气温为10℃左右,室内栽培采取地炕烧火或室内加温等措施,使温度维持在15℃以上。南方春栽,室外塑料大棚菇房,由于春季多低温阴雨,太阳能增温效果不理想。可以建室外菇棚,按室内菇房建加温设施,实现双保险管理。于3月底或4月初覆土,4月下旬即可采收第1潮菇,5月中旬采收第2潮菇。

位于长江中游地区的荆州市,6月份上、中、下旬,月均气温值分别为24.3℃、24.6℃及24.5℃,春栽鸡腿蘑完全可以出第3、第4潮菇。此后将覆土及料面2～3厘米厚的表层培养料去掉,喷施营养剂及灌注1%的石灰水,一是起补水增湿作用;二是起杀虫、杀菌等消毒作用。待料层吸足水肥后,在料面平铺一层厚5～8厘米发好菌的袋料,覆膜养菌,菌丝愈合3天后覆土。6月底至7月上旬还可采收2～3潮菇。

采用以上方法,可使鸡腿蘑的产鲜菇量由每平方米菇床10～15千克,提高到30～40千克,效果很好。

(二十一)鸡腿蘑工厂化栽培法

据山东省济宁市农业科学研究所李桂英、田红梅、张龙平报道,利用闲置厂房框架立体工厂化栽培鸡腿蘑与棚内阳畦覆土栽培相比,同样的栽培原料、同一菌种,利用大棚常规栽培1平方米产鲜菇32千克,利用框架塑料周转筐立体栽培1平方米产鲜菇28千克×7层=196千克,相当于大棚内7.88平方米的产量。既能充分利用空间,提高单位面积产量近8倍,经济效益高,又便于集约化生产管理和产业化开发,一年四季均可栽,具有很高的推广价值。现将技术要点介绍如下。

1. 栽培季节

如有控温设施,一年四季均可生产。

2. 菌种选择

所选菌种为CC173(引自山东大学生命科学学院菌种保藏室),也可选用其他优良菌种。

3. 培养料配方

(1)母种为PDA培养基,原种为麦粒培养基,栽培种为棉子壳培养基。

(2)栽培料配方　豆秸粉50%,棉子壳30%,干牛粪10%,麸皮10%;另加生石灰、石膏各1%。料水比1∶1.6,pH 7.5。接种量15%,拌匀,堆制发酵。

4. 菌袋制作

采用18厘米×55厘米的聚丙烯塑料袋,捆扎两头,每袋装干料500克,打眼接种,排放于20℃～26℃培养室培养,待菌丝发满,脱袋装筐覆土上架,出菇。

5. 设施要求

(1)框架结构　利用闲置厂房,东西长50米,南北宽10米,高3.5米,南北向放置三角铁框架长6米,宽1米,上下层间隔30厘米,上下共7层,框架间隔60厘米。

(2)塑料周转筐规格　长50厘米,宽40厘米,高20厘米,每筐装菌袋3个,每个筐占面积0.2平方米,平均每5筐为1平方米,装菌袋15千克,常规管理出菇。

(3)棚内阳畦按常规脱袋覆土栽培　南、北向畦长6米,宽1米,深30厘米,把发好菌的袋脱掉,从中间切断,每平方米40袋,20千克,切口朝下覆土喷水,覆膜按常规管理出菇。

6. 效益分析

框架立体栽培每平方米装料15千克,产鲜菇28千克×7层=196千克。棚内畦栽每平方米投料20千克,产鲜菇30千克。框架立体栽培比畦栽每平方米增产鲜菇166千克,经济效益十分可观。

八、病虫害防治

鸡腿蘑栽培过程中的病虫害发生及危害,涉及从母种扩大→原种制作→栽培种生产及栽培的全过程。病虫害有的通过菌种,有的通过栽培原料、栽培场地及栽培过程中人为传播等途径发生。所以鸡腿蘑的病虫害防治,要控制好源头——选用高产、优质、抗性强的菌种;创造不利于病虫害生存的环境——时刻保持生产环境的清洁并进行消毒;限制与抑制其病虫害在培养料与覆土材料上的传播与蔓延——配制优良的培养料和覆土层。调节好温、光、湿、气等,加强栽培管理,为鸡腿蘑的生长发育创造良好的环境;发现病虫害时,及时将其消灭于点、片阶段及初发时期,防止其蔓延扩大,把危害程度控制在最低水平。

以上每一个环节都很重要,只有将菌种、环境、培养料、生态及防治等诸方面协调好,才能使病虫害的综合防治,达到预期效果。

(一)杂菌及其防治

1. 常见的杂菌主要是毛霉(图1-2),俗称长毛菌。菌丝开始稀疏,细长,生长迅速,在培养基表面能形成很厚的菌丝团,几天后,菌丝表面能产生很多细小、灰褐色或黑色的微小球状分生孢子团颗粒,即孢子囊。危害鸡腿蘑栽培的主要有大毛霉和总状毛霉。多发生于菌种生产和生料栽培过程中。

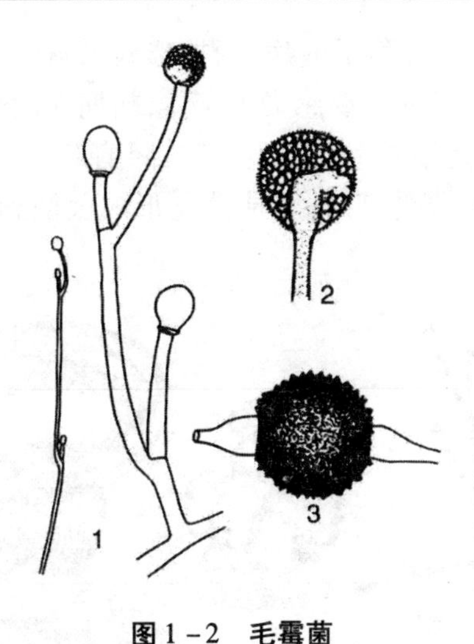

图1－2　毛霉菌

1. 孢囊梗　2. 孢子囊　3. 接合孢子

2. 防治措施

(1)改善培养环境。变高温环境为适温培养;改喷大水、普遍浇水为勤喷水、轻喷水、喷细水,使栽培间空气润而不湿;加强栽培环境内的通风换气。

(2)严格菌种制作,提高菌种纯度和活力。对受霉菌、细菌污染的菌种,一律舍弃不用,灭菌后处理掉。

(3)搞好培养室内外环境卫生,坚持经常消毒。

(4)培养料 C/N 要适宜。采用熟料或发酵料栽培。

(5)覆土材料要充分消毒;对于已被杂菌感染的部位,要轻轻挖去,并用纱布浸石灰水包住,带出室外烧毁或深埋。

(6)在感染部位撒石灰粉或喷洒甲醛溶液。

(7)栽培菇床、菌袋局部受细菌污染后,可用 100 ~ 200 毫克/升的金霉素或链霉素溶液或 0.3% 漂白粉溶液或 0.5% ~ 1% 食盐水,对染病部位进行喷洒。

(二)病害及其防治

1. 病害种类

（1）褐斑病　又称干泡病、轮枝霉病。病原菌为菌生轮枝霉和蘑菇轮枝霉。该病主要感染子实体，初期在菌盖上产生肉桂色褐斑，以后斑点逐渐扩大并产生凹陷，凹陷部分呈灰色，充满轮枝霉分生孢子。菇蕾受害后，不能分化形成菌柄和菌盖，造成畸形菇（图1－3）。

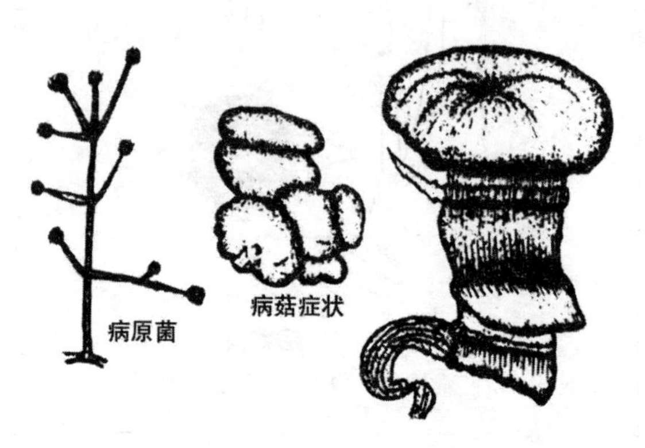

图1－3　褐斑病（轮枝霉病）

该病原菌的孢子常黏成一堆，通过昆虫、螨类传播，人工操作和工具也是传播途径。但病原菌主要由培养料作为初次侵染源。出菇环境通风不良和高温多诱发此病。

（2）疣孢霉病　又称褐腐病、白腐病、湿泡病等，多危害鸡腿蘑、蘑菇、草菇、平菇等。病原菌为疣孢霉。受感染部位为子实体，不危害菌丝体。子实体受到轻度感染时，菇柄肿大成泡状畸形，故又称湿泡病。早期感染，无法形成菌柄和菌盖而形成不规则的小菌块组织，表面变褐色，并渗褐色的汁液而腐烂，散发恶臭气味。子实体生长后期受害，菌柄或菌盖上产生褐色病斑。（图1－4）

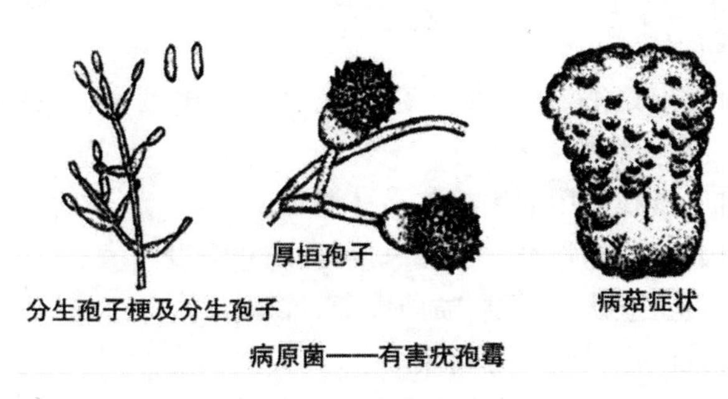

图1－4　疣孢霉病

该病多因人为操作过程和通过工具传播，使子实体感染。一般在出菇期湿度大、通风不良时发病严重。

（3）叉状炭角菌　是近年新出现，而又危害鸡腿蘑较为严重的一种病原真菌。其病原物为叉状炭角菌。叉状炭角菌主要存在于自然界土壤、杂草及空气中，通过产生子囊孢子，随栽培原料、覆土材料及空气等，侵入鸡腿蘑菇房和菇床上。刚出土的叉状炭角菌子实体，外部浅褐色，内部白色；成熟后形成灰褐色至黑色的子座。

该病多发生于春、秋季，主要存在于覆土层上，一旦被叉状炭角菌感染，菇床上会产生鸡爪菇，使鸡腿蘑严重减产，甚至绝收。

（4）瘤状菇　瘤状菇子实体白色，表面有的圆整，多为瘤状，单生或多个连生在一起，贴生于土面上。也着生于鸡腿蘑子实体原基上部，使原基生长严重受损。瘤状菇多发于盛夏期，山洞、人防地道菇房为多发区，土壤霉菌为其病原诱导物。高温、高湿，栽培场地通风不良，当鸡腿蘑菌丝扭结成子实体原基时，土壤中的霉菌菌丝会刺激子实体，引起子实体变态生长，形成瘤状菇。人防地道、山洞等栽培场所要定期进行消毒；覆土要拌入1%～2%的石灰粉，喷洒敌敌畏等杀虫剂和2%～5%福尔马林溶液，塑料薄膜覆盖土堆，经密闭堆闷、熏蒸24～48小时，揭膜散气后备用。通过抓好以上两项管理，能有效地降低瘤状菇的发生率，还能防止鸡爪菇的产生。

2. 防治措施

(1)对出菇室、床架等出菇环境进行严格消毒,保持环境卫生,防止菇蝇、螨类等发生。

(2)工具在使用前用福尔马林消毒。

(3)菇房应加强经常性通风换气,防止湿度过大。

(4)覆土应认真暴晒、喷药熏蒸、堆闷。

(5)推广熟料或发酵料栽培。

(6)人防地道、山洞及地下菇房等栽培场所,要定期在内外空间、地面喷洒多菌灵、来苏水或新洁尔灭等药剂消毒。

(7)栽培过程中发病,应立即停止喷水,加强通风,降低空气相对湿度,温度降至15℃以下。在病区喷1% ~2%的甲醛溶液,或1:500多菌灵灭菌。

(8)发病严重的菇房、棚室,应及时销毁病菇。

(三)虫害及其防治

1. 虫害种类

(1)螨类　螨类不属昆虫,是一类与昆虫近似的节肢动物。螨类是种菇业常发生的菇床害虫。危害鸡腿蘑的螨类主要有粉螨、蒲螨、兰氏布伦螨、害长头螨、木耳卢西螨等(图1-5)。螨类形体小,繁殖力极强,数量多,群集危害菇床菌种、菌丝及子实体。一旦出现于菇床,正在发育的菌丝生长不良,并很快消失。在子实体生长阶段发生,造成菇蕾死亡,子实体萎缩或成为畸形菇、残破菇;还污染菇床,使菇床发霉、变臭。侵入菇床的螨类,还携带病菌、病毒,传播多种病害。

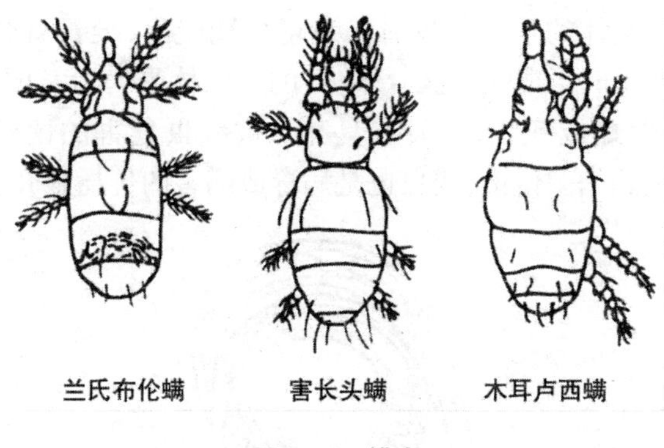

图1－5　螨虫

蒲螨虫体极为细小，肉眼不易发现，体扁平，椭圆形，呈浅黄色和咖啡色。多于培养料表面群集成团，咖啡色。繁殖力极强，危害性大。首先聚集在菌种块周围，咬食菌丝，造成菌丝消退。侵入发菌的料面，咬食菌丝、菇蕾和幼菇，造成不出菇或减产。

粉螨虫体略大，肉眼可见，体扁平，卵圆形，白色发亮，体表多长刚毛，爬行快，群集于菇床表面，数量多呈粉状。在鸡腿蘑不同生长阶段，均可造成危害。侵入菌种中，使表面菌丝先被咬食，出现断裂的块斑，继续为害，使菌种稀疏或消失。多于3—5月和9—11月发生，咬食菌丝、菌盖和菌柄，形成凹陷斑点或空洞。使菇蕾萎缩，子实体难以形成，成熟的子实体残缺不全或腐烂。

兰氏布伦螨，形体黄白色或红褐色，大量发生时，取食菌丝体，使幼蕾难以形成，并成千上万聚集于菇床土表，爬满菇蕾，使其变黄死亡，是世界上著名的菇房害螨。

螨害主要来自仓库、饲料间、畜禽养殖棚舍等自然环境及棉籽壳、菜籽饼、米糠等培养料，另外覆土材料、昆虫、空气、生产工具及人员操作等也是螨害的传播媒介。

（2）线虫　为一种低等动物，属无脊椎动物中线形动物门线虫纲（图1－6）。线虫对鸡腿蘑的影响：以吻针刺入菌丝吸食其汁液，使菌丝萎缩死亡而出现“退菌”现象，培养料变潮，颜色发黑,妨碍子实体的形成与发育。栽培早期受害,菇蕾就会大量萎缩死亡,严重时形成无菇区;已生长的子实体受害后衰弱,颜色发黄、变褐、发黏或死亡,散发腥臭味。被线虫危害的菌丝或子实体,很易受到细菌侵染;线虫也是病毒或螨害的传播媒介。

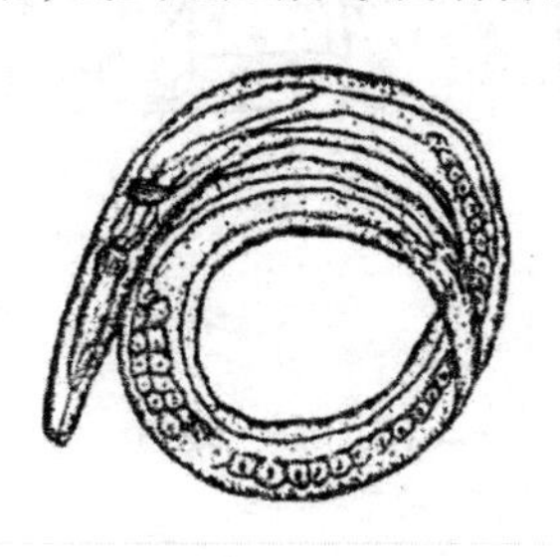

图1-6　线虫

(3)跳虫　又称烟灰虫、香灰虫、弹尾虫等。属一种小型昆虫,它柔软无翅,体积小,体长为1.2~1.3毫米,咀嚼式口器,常栖息在枯木、垃圾、堆肥等有机质或潮湿处,行动灵活,善于在培养料或子实体上迅速爬行,并以跳跃方式前进,跳跃高度可达数厘米高。有群集一起为害的习性,有时数百只至数千只跳虫聚集在一个菌盖上,极似弹落的一堆烟灰。受惊动后,立即跳开,躲进潮湿阴暗处。跳虫体表有一层蜡质,不怕水,积水处可成群结队浮于水面,跳跃自如。

常见的跳虫有短角跳虫、棘白跳虫、黑扁跳虫等(图1-7)。跳虫对鸡腿蘑等菇类的危害主要是:咬食菇床上菌种块和培养料内的菌丝,咬食子实体,其中以后者危害大。多从伤口或菌盖下沿菌褶处侵入。危害严重时,造成菇蕾生长停止或菇体破碎,失去食用性或商品性。一般阴暗潮湿老菇房、室外菇棚发生严重,不仅造成对菌丝、子实体的直接危害,还携带、传播其他病原微生物,引发其他病害。

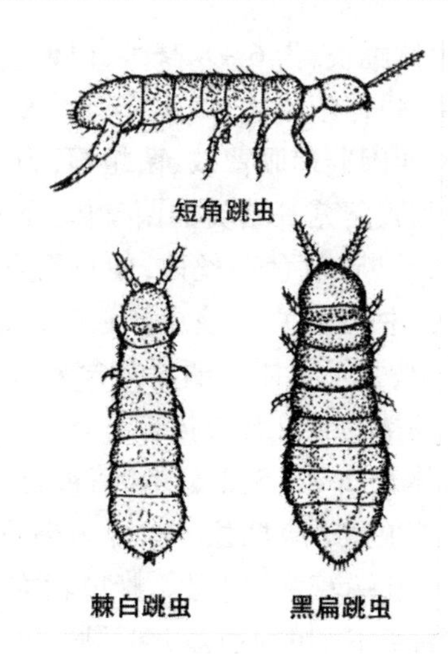

图 1－7　跳虫

跳虫多以阴暗潮湿处，如草堆、垃圾、堆肥等为生活场所，主要通过培养料、覆土材料、水、工具等进入菇房栖息、繁殖。

(4)菇蚊　又叫菌蚊，属一种双翅目的菇房内小型昆虫。对鸡腿蘑等危害性较大的有：茄菇蚊(图 1－8)、尖眼菌蚊、金翅菇蚊、瘿蚊等。茄菇蚊与尖眼菌蚊、金翅菇蚊的形态比较接近。

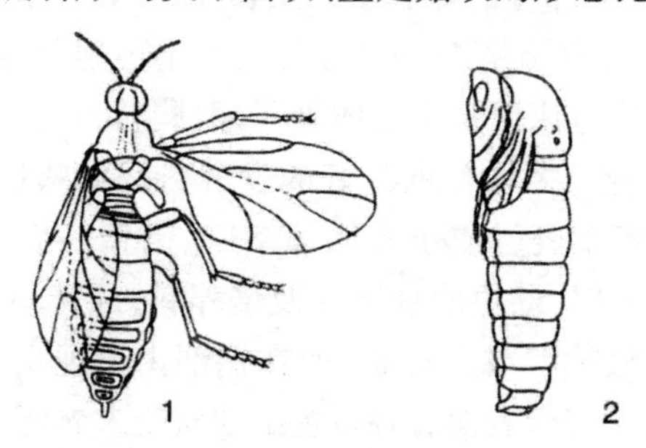

图 1－8　茄菇蚊

1. 成虫　2. 蛹

①茄菇蚊：成虫黑色或黑褐色，体长 2～4 毫米，复眼大，顶部

尖,触角细长。幼虫体细长,为6~8毫米,白色或米黄色,近乎透明,蛆形,无足,尖头,口器不发达。

②尖眼菌蚊:又叫闽菇迟眼蕈蚊、菌蛆等,为一种食性杂的昆虫,以幼虫危害鸡腿蘑、蘑菇等菇类的菌丝体、子实体。幼虫多于培养料的表面取食;咬断、取食菌丝体,使料面发黑,为松散的米糠状。幼蕾被伤害后枯萎死亡。该虫从近料面的菇柄基部蛀入后,向上取食为害。被害子实体菇柄内常含菌蛆300~400条,可使整个菇柄、菌盖、菌褶受到蛀食或损害。

尖眼菌蚊雄虫体长2.7~3.2毫米,暗褐色,头部色较深,复眼有眼毛。胸部黑褐色,翅淡烟色。腹部暗褐色尾器基节宽大,基毛小、密,端节小,末端较细,内弯。雌虫较大,体长3.4~3.6毫米,腹部粗大,端部细长,尾须粗短,端部圆。成虫多在畜粪、垃圾、腐殖质和潮湿的有机质土壤上产卵,每处产卵量为40~219粒,一头雌虫一生产卵量达300多粒。幼虫初孵时体长0.6毫米左右,老熟后长8.5毫米。幼虫是为害鸡腿蘑的主要虫态,防治应在3龄以前进行。

③金翅菇蚊:又称金毛尖眼菇蚊,成虫体长2.8~3.6毫米,头部侧观为卵形,复眼大,足细长,翅面有蓝紫色或紫红色光泽。头胸部黑褐色,胸部背面隆起。幼虫长4.5~5.5毫米,分12节,光滑,白色透明,前端稍细,呈楔形,头部不停地收缩和摆动。成虫整天在菇房内近床面及子实体处飞翔、爬行,喜栖息于阴暗处,有趋光性、趋腐性,多易被堆制好的发酵料及成熟后的子实体味所吸引,并在菌床表层或子实体菌褶中、菌盖表面、菌柄基部产卵。13℃~17℃时,幼虫取食菌丝及培养料,危害幼菇和子实体,菇体受害后呈松软状或海绵状,或在柄部内出现虫道,并随之死亡腐烂。菌床受害后表面有谷黄色细沙状粉末粪便,触之即散。

④嗜菇瘿蚊:又称真菌瘿蚊、菇蚋,外形像蚊。成虫微弱细小,头、胸背面深褐色,其他处为橘红色或灰褐色。头小,复眼大,左右相连,后翅退化为平衡棒,足细长。雌虫体长1.17毫米,雄虫长0.82毫米。幼虫在中胸腹面有一突出的剑骨,端部大而分

叉，为其典型特征。嗜菇瘿蚊主要以幼虫为害菇类，发菌期幼虫在料中为害，覆土后能转移到覆土层，为害绒毛菌丝或子实体，菇体受害后发黄，枯萎而死；子实体出土后，幼虫主要分布在菇根处，繁殖快，每平方米菇床可有高达450万条幼虫，并可扩散到整个菇体及覆土上，使菇体或覆土层呈现橘红色或淡红色粉状物。严重影响鸡腿蘑的产量、质量，造成重大损失。

(5)菇蝇 主要包括黑腹果蝇、厩腐蝇等数种(图1-9)。

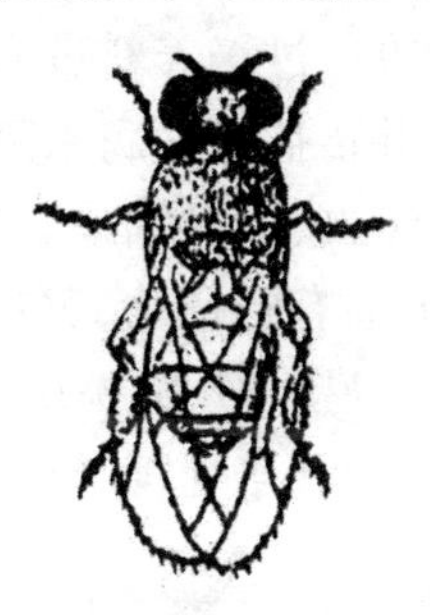

图1-9 菇蝇

①黑腹果蝇：危害鸡腿蘑的果蝇种类较多，其中以黑腹果蝇等较为重要。成虫黄褐色，体长小于5毫米，复眼大，腹部末有黑色环纹，雌虫腹部末端钝圆，颜色深，有黑色环纹5节。雄虫腹部末端尖细，颜色较浅，有黑色环纹7节。幼虫蛆状，无胸足及腹足。老熟幼虫长4.5~5毫米，白色至乳白色。成虫喜欢在烂果或发酵物上产卵。于20℃~25℃条件下，由卵长至幼虫只需4~7天。该虫幼虫取食鸡腿蘑菌丝和菇蕾幼嫩组织、子实体组织，以口钩撕裂组织，吸食汁液，造成鸡腿蘑菌丝萎缩、变黑，培养料呈疏松状，菇床出菇少或不出菇。

②厩腐蝇：成虫体长6~9毫米，暗灰色。复眼褐色，胸部黑色，背板有4条黑色纵带。翅前缘刺短，翅肩鳞及前缘基鳞黄色。幼虫体长8~12毫米，白色，头端尖，尾端截形，老熟幼虫体近淡黄色。气门开口1龄为1裂，2龄为2裂，3龄则为3裂，并扭曲呈

三叉状排列。以成虫在牲畜棚、旧菇房或菜窖等处越冬。3 月中下旬开始活动,5 月下旬至 7 月上旬达到高潮。入伏后虫量下降,9 月中旬开始再度回升。成虫对糖醋酒液有趋化性,多产卵于发酵料堆四周表层,出菇期产于子实体基部或培养料袋的表面。菇房中于 4—10 月下旬危害培养料,使局部变湿,引致杂菌感染。幼虫自孵化后取食菌丝、子实体,造成菇床腐烂,产量锐减。菇蝇为一类常见的卫生害虫,多栖息于粪便、垃圾、腐烂瓜果及各种有机物残体上,卵、蛹和幼虫通过培养料进入菇床,成虫则从外面飞进菇房,开始初次为害,并传播多种病原菌。

(6)蛞蝓　又名鼻涕虫、水蜒蚰或黏黏虫等,为一种杂食性、食量大的软体动物,常见的有野蛞蝓、黄蛞蝓、双线嗜黏液蛞蝓等(图 1－10)。蛞蝓可危害鸡腿蘑、姬松茸、大球盖菇及草菇等多种菇类,一般室外栽培比室内栽培受害严重。

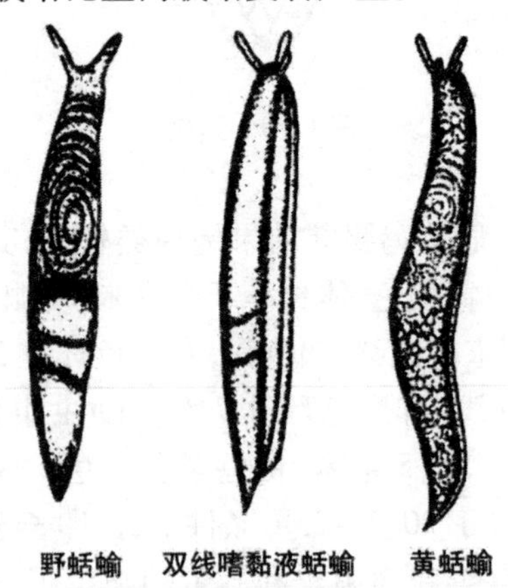

图 1－10　蛞蝓

蛞蝓直接取食菇蕾、幼菇或成熟的子实体,并在被害处留下明显的缺刻或凹陷斑块,以及粪便和白色的黏液痕迹带。被害幼蕾一般不能正常发育成子实体,或严重失去商品价值。

(7)马陆　又名北京山蛩虫,多足纲动物。体长而稍扁,长约

35 毫米，暗褐色，躯干共 20 节，第 2～4 节各有 1 对步肢，有臭腺孔。多栖息于黑暗、潮湿处，如石堆下，常成群游动。食腐殖质、菇床菌丝，爬行于子实体处，散发难闻臭气，影响产品质量。

2. 防治措施

重点以防治螨害、菇蝇、菇蚊为目标，杜绝虫源，降低虫害发生基数，采取多种方法进行综合防治。

（1）场地清洁是关键　对于菌种室、菇房及栽培场地，要及时清除上一批的栽培废料，并于生产前进行彻底打扫，不留废料、废旧菌种、残菇、菇屑等。室内菇床、菌种架等设施，全面清洗、暴晒后用多种杀虫、杀菌药剂涂抹、喷洒、熏蒸；可能时向室内通入 55℃以上蒸汽，并保持 3 小时以上。采取多种防范措施进行预防。清除栽培场地及周围砖块、石子、枯枝等杂物，进行烧毁、深埋，并撒新鲜石灰，喷五氯酚钠，浇泼 1%～2% 茶子饼浸出液进行防治。

（2）认真管理　提高培养料的堆温，并进行后发酵处理，以彻底杀灭培养料中的线虫及虫卵。对覆土进行暴晒并用药物熏蒸，用甲基溴熏蒸，每立方米土料用药 600 毫克，喷洒后拌匀，以塑料薄膜覆盖 12 小时后使用。生料栽培鸡腿蘑，可用 2% 石灰水浸泡 24 小时，杀灭杂菌、虫卵、线虫及螨类等。

（3）加强菌种检查　要严格选好菌种，把好菌种质量关。用放大镜检查菌种瓶口周围，发现螨类，切不可使用，须用高温处理后废弃。其余尚未发现螨类的菌种，应在播种前 1～2 天，取下菌种棉塞蘸一下 50% 敌敌畏药液，立即塞紧，以熏蒸杀死螨类及其他虫、卵。

（4）隔离措施很重要　菌种培养室、菇房要与谷物、米糠、麦麸、饼粉等培养料仓库、饲料间，以及鸡、鸭饲养棚等隔离，通过植树、种花草等形成隔离带，以杜绝虫源通过培养料侵入的可能性。为了防止菇蝇、菇蚊等成虫飞入菇房，在培养料或原基处产卵、繁殖，应在菇房的门窗、通气口处，装置 60 目纱窗，减少害虫入侵。

（5）加强菇房通风、排湿，防止菇房闷热、潮湿　特别是出菇前对菇房进行消毒,喷多种消毒药剂防治。

(6)对菇床进行保护　播种后在菇床周围撒一圈石灰,或喷食盐水,以阻止蛞蝓、马陆等爬入菇床为害。

(7)采取多种诱杀形式　在菇房安装黑光灯等光源,灯下置一盆水,盆内加几滴煤油或松节油,诱集菇房内多种蚊、蝇成虫等;在菇房内设诱杀盆,盆内放水、白酒、红糖、醋,其体积比分别为2:0.5:3:3.5,并混合均匀,滴加少量杀虫剂,利用其散发的化学气味诱杀;或用纱布浸上述药液后,覆盖发生螨害的菇床,待螨类聚集到纱布上后,投入沸水中烫死。取出纱布拧干后再浸诱杀液,覆盖料面,反复诱杀。用多聚乙醛300克、砂糖300克、豆饼粉400克、杀虫剂50~80克,加适量水拌成毒饵,施放在菇房周围,诱杀蜗牛、蛞蝓、马陆等。螨类对肉香特别敏感,可于菇床上分别放置一些新鲜肉骨头,待螨虫聚集到骨头上,将骨头投入沸水中烫死螨虫。

(8)药剂防治　发菌期间,如发现菌丝有萎缩现象,应及时喷洒0.5%敌敌畏,并密闭熏蒸18小时以上,一般应进行1~2次喷雾、熏蒸;出菇后,以40%硫酸烟碱乳剂800~1000倍液或鱼藤精1000倍液或除虫菊150~200倍液或除虫菊乳液1000倍液喷洒菇床,可杀灭螨类及跳虫等。发现料床上有害虫时,在发生部位撒生石灰粉,或者将虫及料面局部清除后,再撒石灰杀灭消毒。

(9)人工捕捉　蛞蝓、蜗牛均是昼伏夜出,在黄昏、阴雨、潮湿处活动,此时应以火钳等工具进行人工捕捉,捉住后投入生石灰或盐水中杀死。也可在受害菇床及四周土壤撒施二次6%密达颗粒剂或70% WP百螺杀(每667平方米用20克),诱杀蛞蝓,防治效率为87.4%~93.6%。

(10)轮换栽培场地　2~3年后,应轮换出菇场地新建菇棚,以隔离虫源和杂菌源头。此法经济、省力,效果最好。

第二章　鸡纵菌

一、概述

鸡纵菌又名伞把菇（四川）、鸡肉丝菇（台湾、福建）、鸡脚菇、白蚁菰、豆鸡菇（广东）、鸡棕、鸡菌、蚁鸡纵等。日本名大白蚁茸、姬白蚁菌。鸡纵菌的得名据《本草纲目》记载："谓之鸡纵，言其味似鸡也。"

鸡纵在真菌分类上为担子菌纲伞菌目口蘑科鸡纵菌属（蚁巢菌属）。该属在国外文献记载已达到28种。目前我国已知的约有14种（云南就有12种），常见的鸡纵菌有小果鸡纵菌 、小白蚁伞、柱状鸡纵（柱状白蚁伞）、粗柄鸡纵、黑火把鸡纵菌、盾尖鸡纵菌等。鸡纵菌的特点是与土栖白蚁有一定的共生关系，有白蚁巢的地方才能有鸡纵，是我国著名野生食用菌之一，现有少量人工栽培，畅销国内外市场，因其珍稀十分昂贵。

鸡纵菌主要分布于亚、非两洲的热带、亚热带地区。在我国，广泛分布于江苏、福建、台湾、广东、广西、海南、四川、贵州、云南、西藏等地。其中以云南蒙自地区产的鸡纵最为有名，号称"蒙菌"。鸡纵分青皮鸡纵、黑皮鸡纵和蒜头鸡纵，前两者食味最好，后者质量最佳。鸡纵肉质细嫩、洁白如玉，味似鸡肉，鲜香可口。

鸡纵菌的营养丰富。据分析测定，每100克干品鸡纵含蛋白质28.8克（菌丝体干品中蛋白质含量高达42.7%），碳水化合物42.7克，钙23毫克，磷750毫克，维生素$B_2$1.2毫克，尼克酸642毫克。蛋白质中含有氨基酸20多种，其中人体必需的8种氨基酸含量齐全。该菌兼具脆、嫩、鲜、香、甜等风味，是荣誉古今的菌类珍品。

鸡纵菌具有较高的药用价值，也是我国传统的药用真菌之一。据《本草纲目》和《本草从新》等古籍记载,鸡纵菌具有“益胃、清神、治痔及降血脂”等作用,有养血润燥、健脾和胃等功能,可用于治疗食欲缺乏、久泻不止、痔疮下血诸症。现代医学研究发现,鸡纵菌中含有麦角甾醇类物质和鸡纵菌多糖体及治疗糖尿病的有效成分,能促进非特异性有丝分裂,刺激淋巴细胞转阳,对降低血糖有明显功效。并有抑制人体癌细胞生长的作用。因此,鸡纵菌具有极为重要的开发价值。

二、形态特征

子实体中等至大型,单生。菌盖直径 3 ~ 23.5 厘米,幼时圆锥形至钟形;渐伸展,顶部显著凸起呈斗笠形,灰褐色或黑褐色至淡土黄色,老后辐射状开裂,有时边缘翻起。菌肉白色,较厚。菌褶白色至乳白色,老层带黄色,弯生或近离生,稠密,窄,不等长,边缘波状。菌柄较粗壮,长 3 ~ 15 厘米,粗 0. 7 ~ 2. 4 厘米,白色或同菌盖色,内实,基部膨大,具有褐色至黑褐色的细长假根,长可达 40 厘米。孢子印奶油色或带粉红色。孢子无色,光滑,椭圆形,(7. 5 ~ 8. 5)微米 × (4. 5 ~ 5. 5)微米。(图 2 – 1)

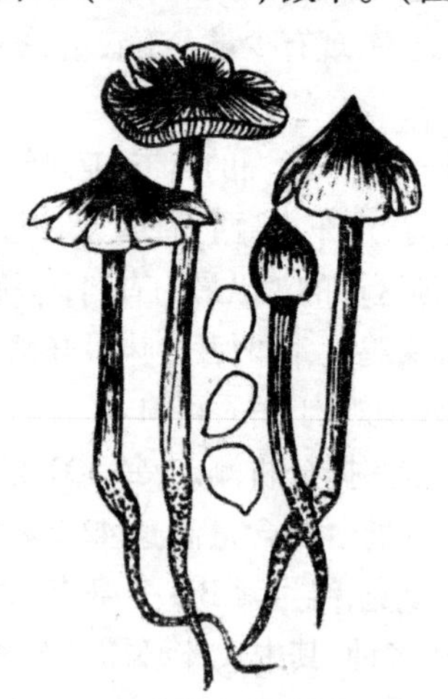

图 2 – 1　鸡纵菌

三、生态习性

野生鸡枞菌的自然发生地主要是在针阔叶等林地中,此地具有大量的腐烂植物的残体(即腐殖质),可为鸡枞菌的生长提供充足的碳氮源和各种微量元素等营养物质。

在自然条件下,鸡枞菌的生长发育离不开白蚁和白蚁巢。鸡枞菌与白蚁共生的白蚁巢,是鸡枞菌与大白蚁亚科白蚁群昆虫构建的一个完美的共生生态系统。白蚁的作用一方面是传播鸡枞菌的担孢子,取食鸡枞菌的菌丝体,从而传播分生孢子和菌丝体;另一方面鸡枞菌菌丝体的生长发育需要白蚁的分泌物,离开了白蚁的分泌物,鸡枞菌就难以生存。两者互惠互利,共栖于同一生境,群体都得到持续生存和发展,这也造成了鸡枞菌对生长条件的特殊要求。

四、生长条件

1. 温度

温度是鸡枞菌生长极为重要的环境条件。鸡枞菌在热带、亚热带的地下蚁巢内生长发育,鸡枞菌孢子萌发、菌丝生长、原基分化的温度范围为12℃~24℃,而且有恒定的需温要求。蚁巢内的温度一般稳定在19℃~25℃,最高不超过28℃,最低为15℃,最适温度为10℃~20℃,低于8℃或高于30℃,菌丝生长基本停止甚至死亡。子实体形成和生长发育温度为25℃~30℃,最适温度为25℃~28℃,低于10℃或高于35℃子实体停止生长和出菇,昼夜温差5℃左右最合适。

2. 湿度

菌圃的含水量与土壤类型、气候条件、白蚁的活动密切相关。菌丝生长的培养料含水量为65%~70%,低于60%或高于75%,菌丝生长明显受阻,空气相对湿度以80%左右为宜。鸡枞菌子实体生长发育期需要充足水分,出菇期相对湿度应保持在90%左右,如果湿度低于80%,菇蕾不易形成。子实体生长阶段,空气湿度可降至85%,有利菇体的正常发育。开伞时期相对湿度须在95%以上,否则造成子实体菇柄中空、干瘪、菇盖破裂等不良现象产生,降低商品价值。

3. 空气

蚁巢内二氧化碳浓度高达5% ~10%,比正常空气中二氧化碳含量高出数十倍。因此形成了鸡枞菌是食菌类中少数能耐高浓度二氧化碳的菌类之一。但充足的氧气有利子实体生长,可长出菇盖肥厚,菇柄粗壮的子实体。人工栽培时,在原基形成和发育期间,需加强通风,每天2 ~3 次,保证空气新鲜、氧气充足,以利多出菇出好菇。

4. 光照

长期的地下生活造成了鸡枞菌对黑暗条件的完全适应。在没有光线的地下菌圃中,不仅菌丝能正常生长,而且子实体也能顺利形成。相反,在光照下,不论是对孢子萌发、菌丝生长,还是原基分化、菇蕾形成及子实体生长发育都不利。人工栽培时,菌丝生长阶段不需光线,子实体发育阶段,需要较明显的散射光,缺少光照子实体发育困难,并造成菇柄长、菇盖大、废菇率高。

5. 酸碱度

菌丝生长的适宜pH 为4.0 ~5.0,这样的pH 不利于细菌和其他杂菌特别是炭角菌的生长,可保证鸡枞菌菌丝的优势地位。

五、菌种制作

(一)母种制作

1. 培养基配方可选用以下两种

(1)土豆200 克,葡萄糖、琼脂各20 克,蛋白胨5 克,水1000毫升。

(2)在配方(1)中加白蚂蚁巢浸出液1000 毫升(取白蚁巢土250 克,于1000 毫升水中浸泡48 小时或煮沸5 分钟后滤取汁)。

以上两种配方均可,但以配方(2)为最佳。

2. 培养基的制作

方法同常规。

3. 接种培养

按无菌操作要求，接入购买的母种或采用组织（菌褶）分离法，将组织块贴附于试管斜面的培养基上（图 2 －2），在高于 25℃ ~27℃条件下培养，30 天左右菌丝长满斜面，即为鸡纵菌母种。

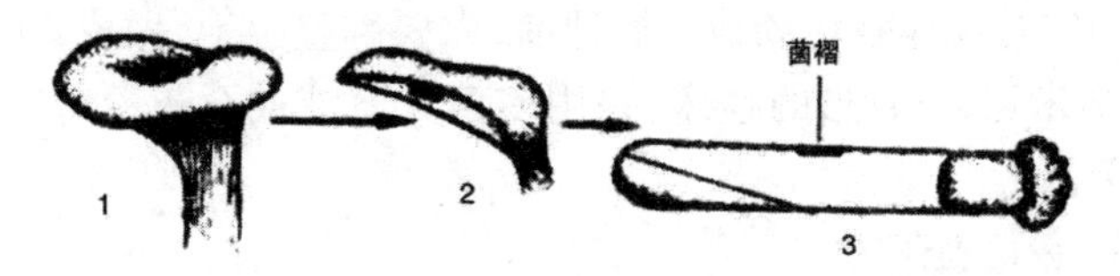

图 2 －2　鸡纵菌菌褶贴附法

1. 种菇　2. 切取菌褶　3. 贴附位置

（二）原种和栽培种制作

1. 培养基配方

可选用以下两种：

（1）木屑 78%，米糠 20%，白糖、石膏粉各 1%。

（2）阔叶树落叶 40%，木屑 35%，米糠 20%，过磷酸钙、白糖、石膏粉各 1%，草木灰 2%。

以上配方中均加水 120%，pH 自然。

2. 培养基配制

将培养基拌匀后装入瓶（袋），常压灭菌后备用。

3. 接种、培养

在无菌条件下按常规接种，置 25℃的温室培养，经 25 ~30 天，菌丝长满瓶（袋），即为原种和栽培种。

六、常规栽培技术

1. 栽培季节

应根据鸡纵菌生长对温度的要求和当地气候规律而定，一般可安排 2—3 月春播和 8—9 月秋播。

2. 场地选择与要求

鸡枞菌与其他多数菇耳一样,可进行室内床架式栽培和室外空闲大田及林果园中阳畦栽培。

室内栽培时菇房应具有通气、控温等条件,菇房四壁、床架要清洁卫生,投料播种前要灭菌消毒。

室外栽培可选用排灌方便、土质肥沃、疏松的空闲大田或林果园中空行地作栽培场地。播种前,先要翻整土地,做成25厘米高,1.2米宽,龟背形的畦床,并用多菌灵溶液或石灰粉对床面进行灭菌消毒。

3. 栽培料配方

鸡枞菌的栽培原料可选用以下两种配方。

(1)木屑、树叶、松枝条70%,麸皮(或米糠)22%,石膏粉2%,白糖1.5%,石灰粉1.5%,白蚁巢土3%,水110%~120%。

(2)棉籽壳、甘蔗渣、玉米秆、木屑(任选一种)90%,米糠(或麦麸)10%,水120%。

配料方法按常规进行。

4. 装袋、灭菌、接种

任选上述配方一种,拌匀后装入17厘米×45厘米大小的聚丙烯塑料袋中,按常规灭菌、接种,于23℃~25℃的培养室内发菌,经45~50天培养,菌丝即可长满菌袋。

5. 发菌期的管理

主要是调控好温度。春季培养时,自然温度低,菌袋可码放3~5层,3~5天内翻堆一次,以利发菌均匀一致。秋季培养时,因自然气温较高,一般只码2~3层。播种5~7天内,要经常检查料温,如料温超过35℃,要加强通风降温,并将堆码的菌袋散开单放,以防高温烧菌。经45~50天的培养,菌丝即可长满菌袋。

6. 脱袋出菇

当菌袋壁出现米粒大小的钉状原基时,移至菇房或阳畦脱袋出菇。室内栽培时,接种后的菌袋可摆放在床架上培养和脱袋出菇。

阳畦栽培时,将培养好的菌袋运至栽培场地,脱袋后卧放于畦床上，菌棒间距 2 厘米，畦底最好铺 3 厘米左右厚的粗砂，以利通气和排水。菌袋放好后，上盖一薄层湿稻草(春季栽培时，要加盖薄膜)，以利保温保湿，促进发菌。

室外栽培也可采用浅坑式沟床栽培方法，即在已整理的畦床上挖 10 厘米深，50 厘米宽的浅沟，将菌棒卧放排列于沟中，菌棒间距 2 厘米，上盖一薄层湿稻草，其上再覆一层 2 厘米厚的细土(细土可利用菜园土，也可由沙壤土、腐质土和炭渣等混合配制)，使沟与地面基本齐平。覆土含水量要保持在 75% 左右，以利菌丝爬土和扭结出菇。

7. 出菇期间的管理

(1)室内床架栽培时，出菇期间，一要加强通风换气，每天开窗通风 2～3 次，每次 30 分钟左右，以保持菇房空气新鲜和有充足的氧气供应。二是喷水保湿，天气干燥时，每天喷水 2～3 次，菇蕾期不要直接喷在菇体上，以向菇房空间和四壁喷水为宜。保持菇房空气湿度达 85%～90%。

(2)室外大田阳畦栽培时，要搭遮阳棚，以防阳光直射和雨淋。遮阳棚可用竹竿或较端直的树枝与稻草等扎成宽 1.5～2 米，高 50～80 厘米的棚块，然后两块相对排放于畦面上即可。(图 2－3)

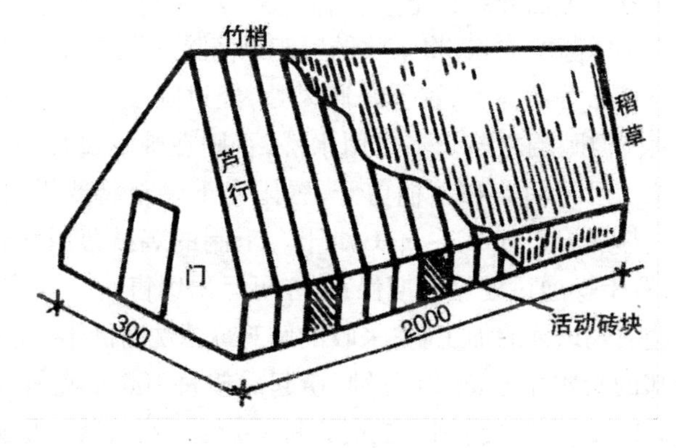

图 2－3　遮阳棚

空气应流通,但要注意保湿。出菇期间,可在畦床四周的排水沟中灌水以提高空气湿度,也可喷水保湿,保持相对湿度在90% ~95%,以利正常出菇。实践证明,子实体形成初期,如相对湿度低于80%,则菇蕾难以形成;子实体生长阶段,相对湿度下降至85%,有利于菇体正常发育,开伞时则需空气湿度在95%以上。

8. 病虫防治

夏秋栽培的鸡枞菌,因气温较高,易发生病虫危害,尤以虫害为甚。主要害虫是蛞蝓,该虫对鸡枞菌的菌盖、菌根、菌褶均喜咬食,不仅影响子实体的生长发育,严重时还会导致菇体死亡。

防治方法:少量发生时,可用镊子一只只夹起,然后集中杀灭。危害严重时,可在栽培场地四周及畦沟喷洒百虫灵或杀虫粉进行杀灭。

9. 采收与加工

(1)采收　当鸡枞菌的菌盖长到4厘米左右,柄长2~3厘米刚要伸直尚未开裂时,即可采收。采收前停止喷水一天,以防鲜销贮存时霉烂。采摘时用手握菌柄基部,用小刀在膨大的柄下沿削断,向上拔起即可。细长的假根可留在土中以利再出菇。

(2)加工　鸡枞菌采收后,除鲜销外也可进行干制和盐渍加工。现将有关方法介绍如下。

①干鸡枞菌的加工:将采收的鲜鸡枞菌除净泥土,按个体大小分别摊在草席等物体上,置干燥通风处,经过晾晒脱去水分,即成干鸡枞菌。但晾晒之前切不可用水洗,否则在晾晒过程中会发生腐败现象。可将菌盖和菌柄剪开,置阳光下晒至将要干时,再用木炭或电热加温至55℃~60℃烘干。干制的鸡枞菌用塑料袋密封包装,置干燥通风处可长期保存,亦可运出销售。

②盐渍鸡枞菌的加工:将采收的鲜鸡枞菌洗净沥干,放入加热溶解冷却的盐水中浸泡20分钟,捞起后按每100千克鲜菇加24千克食盐的比例装缸腌制。缸底先铺一层盐,然后装一层菇撒一层盐,装满后灌入冷盐水至缸面,再按100千克菇加100克柠檬酸,浸泡7天后翻缸1次,以后每隔3~5天再翻缸1次。经15天

左右腌制,即可起缸装桶待销。

七、鸡枞菌的驯化栽培法

(一)四川驯化栽培法

据四川省长宁楠竹研究所赖井平报道,鸡枞菌抗杂菌能力强,能在6—9月的高温季节出菇,生物效率较高,有很好的开发价值。现将有关驯化栽培技术介绍如下。

1. 环境条件

鸡枞菌的生长发育与多种环境因素有密切关系,主要有以下几个方面:

(1)生物因子

①森林植物:鸡枞菌以分解植物残体取得营养成分而生存。鸡枞菌的自然发生地主要是在针阔林地上,特别是年久的老林区及年久失修的宅基地周围和乱坟堆中,这些地方具有大量腐烂的植物残体,为鸡枞菌的生存提供了充足的碳源、氮源和各种微量元素。

②白蚁:在自然条件下,鸡枞菌的生长发育离不开白蚁。白蚁一方面传播鸡枞菌的担孢子,取食鸡枞菌的菌丝体;另一方面鸡枞菌菌丝体的生长发育需要白蚁的分泌物,离开了白蚁的分泌物鸡枞菌丝难以生存。

(2)非生物因素

①温度:是鸡枞菌生长极为重要的环境因素,它直接影响菌体的生长发育。鸡枞菌的孢子萌发、菌丝生长、原基分化的温度范围为12℃~24℃,以16℃~20℃最适,低于8℃和高于30℃几乎停止生长甚至死亡。根据试验表明:子实体形成的日均温以25℃~30℃、日温差5℃最适,高达35℃子实体仍能照样正常发育。

②水分:水分是鸡枞菌生命活动的基础条件,包括培养料含水量和空气相对湿度两部分。

A. 培养料含水量:对比试验表明,菌丝生长以60%~70%较适,尤以65%最佳;不仅表现在菌丝生长速度快,而且粗壮、洁白;子实体形成含水量在70% ~75%最适,从接种到出菇只需50 ~55天。子实体的生长发育亦与培养料含水量有关,培养料含水量充足,子实体生长健壮,发育快;培养料含水量不足,生长慢,细弱,甚至不能长大。

B. 空气相对湿度:在菌丝生长阶段,空气相对湿度以80%左右为宜。在子实体形成初期需较高的相对湿度,应保持在90%左右,低于80%菇蕾不易形成;子实体生长阶段则可降至85%,这样有利于菇体正常发育。开伞时,则需空气相对湿度在95%以上。

③酸碱度:培养基质的酸碱度直接影响着菌体分泌的酶的活性、营养物质的吸收、呼吸代谢等生理活动。试验表明,鸡枞菌要在较酸的环境中生长,以pH 4 ~5生长良好,其最适的pH为4. 5,表现为菌丝生长最快,浓密粗壮。

④空气:基质紧的菌丝浓密、洁白、料团致密;松的菌丝纤细,松散,气生菌丝多。用覆土20厘米、15厘米、10厘米、5厘米和不覆土作比较表明,均长出了子实体,但不覆土的仅似野生状态的假根,无菌伞,纤细;覆土的子实体较正常,在20厘米以下覆土越深菇体越大,但出菇时间随着土层的增厚而延长。因此可以认为鸡枞菌菇蕾的形成和子实体的发育对氧气的要求不很严格,而适量的二氧化碳反而有利于菌丝的生长和子实体的形成,但在子实体开伞时则需要充足的氧气。

⑤光照:鸡枞菌对光照的反应强烈,强光和直射光无论在孢子萌发、菌丝生长阶段,还是对原基分化、菇蕾形成、子实体生长发育都是不利的。在有散射光的条件下亦能分化形成子实体,但多数是有柄无伞的畸形菇。在子实体开伞时则需要一定的散射光。

⑥杀菌剂:根据试验,鸡枞菌对常用的杀菌剂如多菌灵、托布津等反应不敏感,可以在培养料中适量添加以利灭菌消毒。

2. 驯化栽培方法

(1)种菇来源　1989年8月在长宁县蜀南竹海林区的一乱坟

堆中偶然发现三朵菇,采集后经初步鉴定为鸡枞菌。以后几天内又发现周围有同样的菇体长出,在沿菇脚假根向下挖至土层深120 厘米处得一大菌圃(蚁巢),尚有白蚁活动,面积约 50 平方厘米。将蚁巢连同白蚁、菇体带回作分离材料,经分离培养,而获得了鸡枞菌母种。

(2)菌种培养基配方

①母种培养基

A. PDA 培养基。

B. 马铃薯综合培养基:马铃薯 200 克,葡萄糖 20 克,碳酸二氢钾 3 克,硫酸镁 1.5 克,琼脂 22 克,水 1000 毫升。

C. 马铃薯松针煮汁培养基:马铃薯 200 克,鲜松针 20 克,葡萄糖 20 克,蛋白胨 6 克,硫酸镁 1.5 克,碳酸二氢钾 2 克,琼脂 20 克,水 1000 毫升。

D. 马铃薯蚁巢煮汁培养基:马铃薯 200 克,蚁巢 20 克,葡萄糖 20 克,琼脂 20 克,水 1000 毫升。

E. 鸡枞菌分离培养基:葡萄糖 250 克,牛肉膏 100 克,碳酸二氢钾 2 克,硫酸镁 2 克,硫酸铁 2 克,氯化钠(食盐)25 克,丙氨酸 2 克,谷氨酸 2 克,琼脂 20 克,水 1000 毫升。

经试验 C、D、E 号培养基接种后于 18℃ ±1℃ 下培养 12 ~ 13 天,菌丝生长满管,且菌丝细密,匍匐型,粗壮,洁白。

②原种培养基

A. 阔叶木屑 78%,麸皮 20%,蔗糖 1%,石膏 1%,料水比 1∶1.2。

B. 木屑 48%,麸皮 25%,蚁巢土 25%,石膏 1%,糖 1%,水适量。

按常规配制后接入 A、B 号母种培养基培养,在 18℃ ±1℃ 恒温下培养,经 60 ~ 63 天培养,A 菌丝生长不良,B 号培养基菌丝长满瓶,且菌丝浓密健壮。试验结果表明:鸡枞菌的生长离不开白蚁的分泌物。

(3)菌种保存　鸡枞菌菌种因其在低于 8℃ 的条件下停止生

长甚至死亡,故不适合低温保存,多采用常温保存。具体方法如下。

按原种配方 B,常规消毒后接入母种,待菌种向下吃料至 4～5 厘米时,可用牛皮纸包好塞上棉塞,套上干净纸袋置阴暗处保存。此法可保存菌种 5～8 个月。

(4)驯化结果　从采集到驯化成功,是分离后在斜面及原种瓶内完成的,原种满瓶由于未扩接,从瓶里长出一根同鸡㙡菌假根一样的纤细褐色菌柄,长 32 厘米,具鸡㙡菌香味,同采回室内菌圃上的原基长出的假根完全一致,无菌盖。但真正获得健全鸡㙡菌子实体,是 1990 年 3 月制作的栽培袋,5 月 20 日植入土中,7 月 11 日发现已长出一朵菌盖直径 12.3 厘米,菌柄长 15 厘米的子实体,与野生鸡㙡菌完全一致。

(二)广州驯化栽培法

据广州市农业科学研究所赵守光报道,鸡㙡菌菌丝体在 PDA 培养基上生长良好,菌褶作为组织分离材料较适宜,白蚁巢能帮助鸡㙡菌抵御不良环境,有利于菌丝体和子实体的生长。但在脱离白蚁巢的情况下,加强出菇管理也可获得较高产量。

试验菌株

A_1——1993 年引自福建省古田县的驯化鸡㙡菌,通过提纯复壮获得健壮菌丝体。A_2——1994 年 6 月于本所荔枝基上采摘的野生鸡㙡菌(当地俗称荔枝菌)分离而得。

1. 培养基配方

(1)母种培养基

①去皮鲜马铃薯 200 克,葡萄糖、琼脂各 20 克,水 1000 毫升。

②在①的基础上加白蚁巢浸出液 500 毫升(125 克白蚁巢土于 500 毫升水中浸泡 48 小时后取滤液)。

(2)原种和栽培种制作　按表 2－1 中前 4 个配方称料混匀,调 pH 4.5～5.0,装入 750 毫升菌种瓶,投料量为 200 克/瓶,按常规制种。(表 2－1)

表 2－1　培养料配方(％)

配方序号	木屑	棉子壳	麦麸	石膏粉	生石灰	蔗糖	普钙	碳酸钙	硫酸钙	硫酸镁	尿素	多菌灵	蚁巢液	水
1	75		21	1.7		1	1				0.28	0.02		140
2	75		21	1.7		1	1				0.28	0.02	70	70
3	30	45	22			1.5		1	0.5				140	
4	30	45	22			1.5	1			0.5			70	70
5	16.5	40	40		1.5	1.5		0.5						140

3. 袋料栽培试验

(1)装料接种　袋的规格为15厘米×55厘米的低压聚乙烯袋。1994—1995年试验按表2－1中配方3、4进行，接入相应配方的栽培种。1995年6月从配方3中挑选健壮子实体，进行褶部组织分离作为下次试验用种。1995—1996年试验按表2－1中配方1、5进行。

(2)试验方法

①组织分离试验：1994年6月21日，取瓶栽获得子实体(A_1)和野生子实体(A_2)，用0.1％升汞消毒后用无菌水洗净，于柄、髓、褶三部位进行组织分离，接于母种培养基①和②上，置人工气候箱21℃±0.5℃培养观察，各做5支试管。

②薄膜棚内出菇试验：1994年10月24日在料袋上打孔接种，暗光培养，至1995年4月底袋壁上有瘤点出现，表明达到生理成熟，于薄膜棚内挖坑埋棒，上覆2～3厘米厚的荔枝基壤土，棚顶遮两层黑纱，达到“六阴四阳”荫蔽度。观察记录环境温、湿度及产量。

③室外大田出菇试验：1995年11月20日接种，暗光培养至次年4月，子实体分化时作进一步适应大田环境出菇试验。

(3)试验用地处理　选通风、排水良好的壤土荔枝基，起宽60厘米，长不限的畦，于畦上挖深25厘米左右坑，撒一薄层石灰于坑底，浇透水驱虫灭菌。脱袋后放于坑底，间隙2～3厘米用覆土材料压实，覆土厚8～10厘米，保持土壤湿润，畦上建拱棚遮黑纱。

覆土材料制备。取肥沃菜园土加草木灰4%,磷肥2%,石灰5%,浇水拌匀,喷1000倍敌敌畏覆膜堆闷过夜,杀灭虫卵杂菌后使用。

(4)出菇管理　观察首次现蕾时间,逐次收获时记录日期、产量、温度、湿度、生长状况等。在每潮菇大量菇蕾出现时,喷施0.1%硫酸二氢钾和葡萄糖混合液。每潮菇收完后,清理畦面菇脚、死菇,结合除草、松土、培土,并撒一薄层石灰于试验区走道和周围防杂灭菌,薄施一次粪水。

4. 结果与分析

(1)组织分离试验情况

①A_1菌株的分离培养效应:从表2-2可知,A_1菌株的柄、髓、褶三个部位均能在PDA培养基上正常生长,添加白蚁巢液能促进菌丝萌发生长,使菌丝提早1~2天满管,而在菌丝密度、颜色、分布、形状和抗逆性等方面无明显差异,说明该菌株对白蚁巢依赖性不强。在三个组织部位中,以菌褶分离培养的菌丝长得最好,菌丝浓密,洁白,壮旺,呈羽毛状,生长旺盛,柄部次之,髓部再次之。1975年广本一由报道,用子实层(即菌褶)作分离材料成功率最高,这是因为幼嫩菌褶常有菌幕保护,避免了外界带来的污染等干扰。所以鸡纵菌的组织分离以菌褶为材料最佳。

②A_2菌株的分离培养效应:A_2菌株分离培养结果见表2-2。各个部位均不能在PDA培养基上正常生长,分离于B_1上的各组织部位均或多或少地较快发生了污染,而分离于B_2上的各组织部位则表现出较强的抗逆能力,比前者延迟4~6天后才发生污染。1995年6—7月实验人员又重复该项试验,结果与前次相同。上述结果说明,白蚁巢能帮助鸡纵菌抵御不良环境,提高抗逆性。

表 2-2　鸡纵菌驯化试验结果

菌株	培养基	分离部位	分离时间	萌发时间	菌丝生长情况	污染或拮抗	满管时间
A_1	B_1	柄	1994 年 6 月 21 日	6 月 24 日 2 支 6 月 25 日 3 支	菌丝密厚,洁白,长势一般	无	7 月 12 日
		髓	1994 年 6 月 21 日	6 月 25 日	菌丝欠密,偏弱,长势欠佳	无	7 月 12 日
		褶	1994 年 6 月 21 日	6 月 24 日 3 支 6 月 25 日 2 支	菌丝浓密,厚实,洁白,壮旺,羽毛状,长势最长	无	7 月 12 日
	B_2	柄	1994 年 6 月 21 日	6 月 24 日	菌丝密厚,洁白,长势一般	无	7 月 11 日
		髓	1994 年 6 月 21 日	6 月 23 日 1 支 6 月 24 日 4 支	菌丝稍稀,偏弱,长势欠佳	无	7 月 11 日
		褶	1994 年 6 月 21 日	6 月 24 日	菌丝浓密,厚实,洁白,羽毛状,长势最好	无	7 月 10 日
A_2	B_1	柄	1994 年 6 月 21 日	23 日 1 支污染 4 支未萌发	无菌丝	未萌发的 6 月 25 日污染	
		髓	1994 年 6 月 21 日	23 日 2 支污染 3 支未萌发	无菌丝	未萌发的 6 月 25 日污染	
		褶	1994 年 6 月 21 日	23 日 2 支污染 3 支未萌发	无菌丝	未萌发的 6 月 26 日污染	
	B_2	柄	1994 年 6 月 21 日	未萌发	无菌丝	6 月 29 日污染	
		髓	1994 年 6 月 21 日	未萌发	无菌丝	6 月 29 日污染	
		褶	1994 年 6 月 21 日	未萌发	无菌丝	6 月 29 日污染	

(2)袋栽试验结果

①薄膜棚内出菇试验情况:薄膜棚内鸡纵菌出菇情况见表 2-3。由表 2-3 可知,鸡纵菌能在较宽的温湿度范围出菇,出菇期长达 4 个月左右,生物效率较高,达 66% ~68%。其中配方 4 比配方 3 提早约 10 天出菇,生物效率配方 4 也稍高于配方 3。配方 2 前期出菇快而多,后期产量下降,呈越降越快之势。配方 1 虽然出菇延迟,但产量稳定而持久。所以白蚁巢浸出液有促进鸡

纵菌早生快发的作用,使出菇提早明显。但不管有无白蚁巢浸出液,鸡纵菌都能将原料转化为几乎等量的子实体,故两者的生物效率差异不明显。

上述结果表明,白蚁巢浸出液只对鸡纵菌的出菇期及其过程有影响,而对鸡纵菌的生物效率几乎没影响。

表2-3　薄膜棚内鸡纵菌出菇情况

配方序号	棒数	总棒料(千克)	产菇期	总产量(千克)	生物效率(%)	出菇情况	温度范围(℃)	湿度范围(%)
3	107	80.25	1995年5月2日—9月5日	53.24	66.3	整个出菇期产量稳定而持久	22~34	75~95
4	127	95.25	1995年4月23日—9月1日	64.79	68.0	前期出菇快后期明显减少		

②大田出菇试验情况:鸡纵菌适应大田环境出菇结果见表2-4。从表2-4可知,在加强出菇管理的情况下,鸡纵菌也能在大田环境顺利出菇,且适应碳/氮比的范围较宽。但在菌丝满棒、子实体分化、现蕾等几个关键时期,碳/氮比偏高的配方1比碳/氮比偏低的配方5明显提早,生物效率也显著提高。配方1所用原料价廉易得,成本低,效益高。而配方5所用原料较昂贵,且出菇慢、产量低,故效益差。据报道,在白蚁巢的结构成分中,通常具有较高的碳/氮比。1993—1994年我们在室内瓶栽试验中也发现,本试验鸡纵菌在碳/氮比偏高的培养料中生长较好。上述结果表明,大田栽培鸡纵菌,用碳/氮比偏高的培养料,能早出菇、多出菇、成本低、效益高。

表2-4　大田环境鸡纵菌出菇情况

配方序号	碳/氮比	棒数	总棒料(千克)	满棒所需时间(天)	子实体分化时间	现蕾时间	总产(千克)	生物效率(%)
1	偏高	38	28.50	51	1996年4月15日	1996年5月1日	21.74	76.28
5	偏低	25	18.75	67	1996年4月20日	1996年5月13日	9.91	52.85

5. 小结与讨论

（1）白蚁巢能促进菌丝生长，对鸡纵菌出菇和产量有利。前人研究认为，鸡纵菌与白蚁巢共生，但至少本试验菌株就不必与白蚁巢共生，因为在无白蚁巢的情况下，菌丝也能正常生长，顺利出菇。故笔者认为并非所有的鸡纵菌都与白蚁巢共生，与白蚁巢非共生的鸡纵菌易于驯化栽培成功。

（2）通过添加白蚁巢，控制培养料碳/氮比，加强出菇管理等手段，可使鸡纵菌出菇提早，产量提高。

（3）本试验品种单一，至于其他品种的栽培情况如何，还有待进一步研究。

八、仿野生栽培法

1. 栽培季节

根据鸡纵菌的生物学特性及栽培试验结果表明：最佳的制袋季节为当地气温在12℃～14℃时，提前三个月生产母种和原种。在蜀南竹海地区3—4月份气温在12℃～18℃，是鸡纵菌菌丝生长的最适温度范围，此时接种不需加温，成功率高，待40～50天满袋气温回升，可植入土中，很快就能长出第一批菇，并可延续采收到当年秋季的9—10月份。在此期间白蚁活动旺盛，但无害处，它在取食菌丝的同时，又分泌一些有利菌丝生长的物质，促使菌丝的旺盛生长以获得高产。

2. 栽培袋的制作

（1）培养料配方

①阔叶木屑78%，麸皮20%，蔗糖1%，石膏1%，蚁巢浸出液与料比1.2:1。

②阔叶木屑50%，麸皮25%，蚁巢25%；另加蔗糖1.5%，石膏1%，自来水适量。

（2）拌料装袋　按上述配方常规拌料，并闷2～4小时，装入17厘米×35厘米的聚丙烯或15厘米×35厘米的聚乙烯袋内，可用套圈加棉塞或打洞贴胶布等方式封口。

(3)灭菌、接种、培养　装好袋后置消毒锅内灭菌,高压力下保持2小时(适用于聚丙烯袋),常压当温度达98℃~100℃时保持8~10小时。出锅后置洁净的接种室内冷却,待料温下降到25℃时按无菌操作要求接种,接种量宜稍多些,一般每瓶原种可接20~30个料袋,这样发菌快,污染率低。接好种的菌袋置洁净、黑暗的培养室内培养,培养室温度控制在16℃~20℃,经过40~50天的培养,菌丝即可满袋;继续培养,袋壁上会出现许多珊瑚状瘤点,说明菌丝已达到生理成熟,4—6月份即可进行埋袋栽培。

3. 栽培管理

(1)场地选择　栽培宜选择南北朝向,地势平整、土壤肥沃、酸性的菜园地,房前屋后或庭院内作场地,先整理成80~100厘米宽的畦,长度视场地而定,扒出表土做成15厘米的凹畦。因鸡纵菌喜酸性环境,故畦底不宜撒石灰粉消毒,可撒适量的多菌灵或托布津。在畦四周挖好排水沟。

(2)出菇方法　先将发好菌的袋子脱去薄膜,然后整齐地排放在畦内,覆20厘米厚经太阳暴晒过的菜园土或林地土,土壤以肥沃但不板结为佳,使畦地高出地面15厘米呈凸畦。最后盖上废报纸或竹叶、松针等,以利保湿遮阴。

(3)管理要求　播种后的管理工作重点是保湿、控温、防治病虫害。由于鸡纵菌出菇季气温较高,空气相对湿度较低,因此要注意降温保湿,这是获得高产的关键。同时在出菇季节应向场地四周喷水,拉大昼夜间的温差,以提高菇体质量。

(4)病虫害防治　由于鸡纵菌的出菇季节是6—10月份,气温较高,病虫害易发生,尤易发生虫害。主要害虫是蛞蝓,该虫对鸡纵菌的盖、柄、褶均喜咬食,不仅使品质下降,还影响子实体的生长发育,严重时导致菇体死亡。要经常注意检查,当发现少量危害时,可用镊子夹起集中杀灭。危害严重时,在栽培场地四周及畦沟喷洒百虫灵或杀虫粉。播种后很快就会招来白蚁危害菌丝体,因白蚁同时又分泌一些有利于菌丝体增生的分泌物,对鸡纵菌的出菇影响不大,可不必防治。一般经过4~6个月的管理,其生物效率在50%～80%，管理得当，在次年还能再出一部分菇。

4. 采收与加工

(1)采收　当鸡㙡菌的菌盖将要伸直、尚未开裂时即可采收。采摘时用手握柄基部，用小刀沿膨大的柄下沿削断，向上拔起即可，细长的假根可留于土中。然后洗尽泥土便可出售或加工。

(2)加工　采收的鸡㙡菌除鲜销外也可干制或盐渍。将清理干净的鲜菇按个体大小分别晒干，亦可将柄和盖剪开晒至将要干时再用木炭或电热加温至55℃～60℃烘干。若需盐渍保存，可将鲜菇放入冷却盐水中浸泡20分钟，捞起后按每100千克鲜菇加24千克盐的比例装缸，装一层菇撒一层盐，装满后灌冷盐水至缸面。再按每100千克菇加100克柠檬酸，浸泡7天后翻缸一次，经过14天即可分装。在腌制过程中，用手指蘸盐水，略干后指上有一层盐霜为宜，然后装桶待销或外销。

九、菌丝体深层发酵培养法

鸡㙡菌通过液体深层培养菌丝体，作为提供研制营养食品及饮料的原料，其蛋白质含量高于其他菇类，尤其是赖氨酸和亮氨酸含量很高，所以近年来鸡㙡菌的液体深层培养菌丝体生产引起重视。具体方法如下。

1. 培养基配方

适用的液体培养基配方如下。

(1)蛋白胨2%，蔗糖2%，硫酸镁1.5%，磷酸二氢钾0.3%，维生素B_1 1毫克/100毫升，pH调至6，加水至100%。

(2)酵母膏0.1%，蔗糖3%，硫酸镁0.05%，磷酸二氢钾0.1%，硝酸钠0.3%，氯化钾0.05%，pH调至6，加水至100%。

上述两种配方系华西医科大学生物系赴呈裕等，1998年提供。

(3)酵母膏0.1%，蔗糖3%，磷酸二氢钾0.1%，硫酸镁0.5%，硝酸钠0.3%，氯化钾0.05%，pH 6左右(中国医科大学洪震，1992)，加水至100%。

2. 深层培养工艺

斜面母种→一级摇瓶种子(250 毫升三角瓶,装液体 50 毫升,25℃ ~28℃,120 转/分,2 ~3 天)→二级摇瓶种子(500 毫升三角瓶,接种量 5% ~10%)→发酵瓶(26℃,110 转/分,36 小时),菌丝体收率可达湿重 10 克/升。

3. 分离浓缩烘干

液体发酵培养菌丝成熟放罐后,通过板框压滤机或离心机分离出菌丝体,再放入真空浓缩锅减压,以 60℃ ~80℃温度浓缩,然后在 80℃条件下烘干即得干菌丝体。

4. 干品成分检测

将烘干的菌丝体进行化学成分分析,营养含量为:蛋白质 49. 2%,脂肪 8. 5%,碳水化合物 10. 8%,灰分 3. 9%,钙 36. 8 毫克/100 克,磷 15. 0 毫克/100 克。

第三章　羊肚菌

一、概述

羊肚菌别名羊肚菜、狼肚菜、蜂蘑、阳雀菌、羊雀菌、编笠菌、包谷菌等,因其形态似羊肚而得名。在分类上属子囊菌亚门盘菌纲盘菌目羊肚菌科羊肚菌属真菌。该属全世界已知的有28种,我国已知的有18种。常见的有黑脉羊肚菌、尖顶羊肚菌和粗腿羊肚菌。

羊肚菌分布很广,在亚洲、欧洲、北美洲及太平洋地区均有分布。我国陕西、甘肃、青海、新疆、四川、山西、江苏、云南、河北、内蒙古、吉林、辽宁、黑龙江等地也有分布。从我国的情况来看,产量最多的是云南和四川,占全国总产量的50%,其次是陕西和甘肃。

近100多年来,英、美、法、德等国就对羊肚菌进行了驯化栽培。1982年,美国旧金山州立大学生物系的Ron ower,首次在《真菌学报》上发表了羊肚菌人工栽培成功的报道,并先后获得羊肚菌栽培的两项专利。2005年,美国密歇根州DND公司开发羊肚菌获得成功。其方法是采用木屑和发酵的树叶为原料,在菇房内培育出羊肚菌,从播种到出菇采收只需70天时间。该公司成为美国中西部地区最大的羊肚菌生产基地和供应商,是目前世界上唯一实现羊肚菌产业化栽培的典型。

我国羊肚菌开发也有很长的历史,20世纪50年代华中农大杨新美教授就着手研究创立了羊肚菌半人工栽培技术及相关的基础理论。四川省绵阳市食用药研究所朱斗锡所长,经过多年研究,取得了羊肚菌人工栽培的新进展,1994年获得国家金奖。他研制的405号羊肚菌菌株,2000年获国家发明专利。2007年基本上攻破羊肚菌大田栽培的关键技术,并发展到3.3万多平方米(50亩左右)的栽培面积,每667平方米产鲜羊肚菌150千克左右。近两年来,四川绵阳、成都双流、宜宾等地和云南的丽江等地,已进行羊肚菌商品化大田栽培,并获得较高经济效益。

羊肚菌营养丰富,蛋白质含量占干物质的24.5%,含有多种氨基酸,其中必需氨基酸占氨基酸总量的46.8%。羊肚菌性平,味甘,有健胃补脾、益肾补脑、理气化痰之功,并有抗肿瘤的功效。羊肚菌货源紧缺,价格坚挺,经济效益十分可观,值得大力发展生产。

二、形态特征

因品种不同,形态特征略有差异。

1. 羊肚菌

又名圆顶羊肚菌,子实体单生或群生,小或中等大。菌盖不规则圆形至长圆形,淡黄褐色,高4~6厘米,直径4~6厘米,表面形成许多凹坑,似羊肚状,茶褐色;菌柄乳白色,长5~7厘米,粗2~2.5厘米,有浅沟,基部稍膨大。子囊(200~300)微米×(18~22)微米;子囊孢子8个,透明无色,单行排列,长椭圆形,(20~24)微米×(12~15)微米。侧丝顶端膨大(图3-1),为羊肚菌代表种。

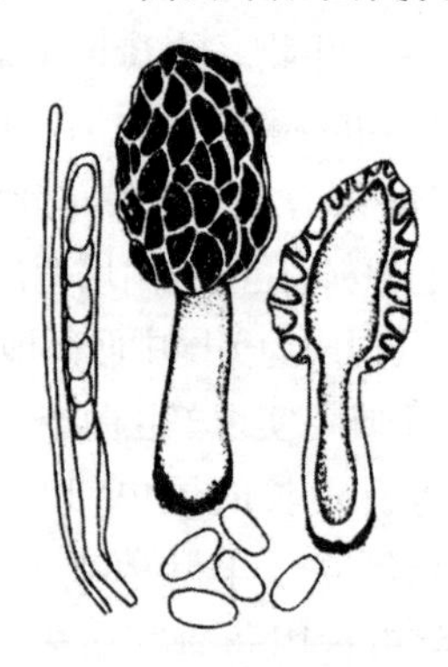

图3-1 羊肚菌(代表种)

2. 尖顶羊肚菌

又名圆锥羊肚菌，子实体较小。菌盖近圆锥形，顶端尖，高3～5厘米，宽2～3.5厘米，表面凹下形成许多长形凹坑，多纵向排列，浅褐色。柄白色，有不规则纵沟，长3～6厘米，粗1～2.5厘米。子囊(250～300)微米×20微米。子囊孢子椭圆形，8个单行排列，(20～24)微米×(12～15)微米。(图3－2)

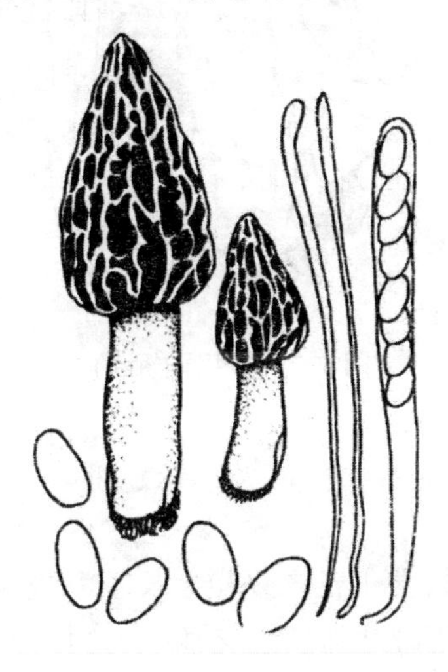

图3－2 尖顶羊肚菌

3. 粗腿羊肚菌

又名粗柄羊肚菌，子实体中等大小。菌盖近圆锥形，高5～7厘米，宽5厘米，表面有许多凹坑，似羊肚状，凹坑近圆形或不规则形，大而浅，淡黄色至黄褐色，表面布以子实层，由子囊和侧丝交织成网状，网棱窄。柄粗壮，黄白色，基部膨大，稍有凹槽，长7厘米，粗5厘米。子囊圆柱形，260～270微米，侧丝顶端膨大，270微米×4.5微米。子囊孢子8个，单行排列，于子囊内，无色，椭圆形，(22～25)微米×(12.5～17.5)微米。(图3－3)

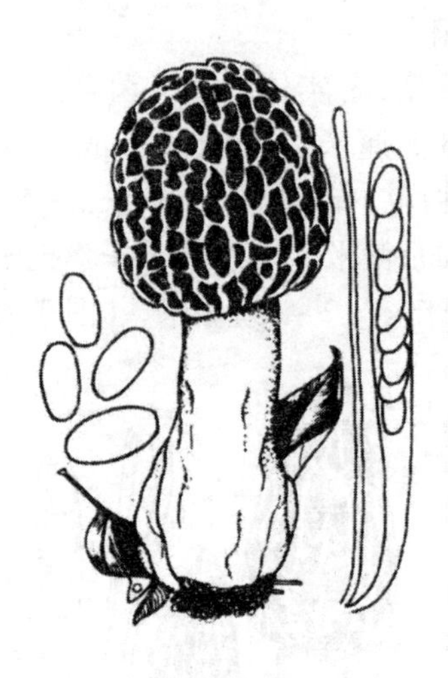

图3-3　粗腿羊肚菌

三、生态环境

羊肚菌野生时,常于春末夏初生长于海拔300~1500米的丘陵及山区的栎、桦等阔叶林和混交林中,尤其喜生于苹果园中,也可生长于胡桃属林地的潮湿地上或腐殖质土中,据报告在沟坡、田边及玉米地等阴湿处也可生长。尖顶羊肚菌在堆过烟煤、木炭的地方往往生长较多。在我国的大黑山,羊肚菌的发生地常与前一年或多年前该地被水冲积或浸泡过有关。因此可以断定,它与海拔高低无特殊关系,主要受地区气温和湿度影响。

四、生长条件

1. 营养

羊肚菌菌丝体在多种培养基上都能生长。能利用蔗糖、葡萄糖、可溶性淀粉、麦芽糖等作为碳源。可利用硝酸钾、硝酸铵、尿素、天冬氨酸等作为氮源。木材、松针、麦芽、苹果及壳斗科植物的提取液,对羊肚菌的生长有促进作用。人工栽培时注意调配好培养基中的有关营养成分,即可满足生长要求。

2. 温度

菌丝在3℃~28℃均能生长,最适18℃~22℃,低于3℃停止生长,高于28℃停止生长或死亡。子实体在10℃~22℃范围内均能生长,最适15℃~18℃。低于15℃或高于18℃,不利于子实体正常发育。但一定的昼夜温差10℃~15℃可促进子实体形成。

3. 湿度

羊肚菌适宜在土质湿润的环境中生长。菌丝生长阶段对土壤含水量要求不严,含水量在30%~70%均能生长,但以60%~65%为最适宜。含水量超过70%,菌丝生长停止;低于55%时,菌丝生长纤弱。子实体形成和生长,适宜的空气湿度为75%~95%,但以80%~90%为最宜。

4. 光照

营养生长阶段不需光照,菌丝在暗处或微光条件下,生长很快,光线过强抑制菌丝生长。子实体形成和发育需要一定光照。羊肚菌子实体有较强的趋光性,其子实体往往朝着光线方向弯曲生长。如覆盖物过厚或树林过密、过阴及全天太阳直射的地方,都不适宜子实体生长。最适宜"花花阳光"照射。

5. 空气

羊肚菌菌丝生长阶段,对空气无明显反应,在子实体形成和发育阶段,对空气十分敏感,若二氧化碳浓度超过0.3%,子实体生长无力,它与绿色植物共生时生长十分健壮。因此,人工栽培时,除保持良好的通风换气外,若能与蔬菜、花卉等植物兼作套种有利高产。

6. pH

适宜羊肚菌生长的pH与大多数食用菌基本相同。培养基或土壤的pH为7.0~7.5。若pH降至3.0以下或高于9.0以上,菌丝则停止生长或死亡,羊肚菌不适于酸性环境,若pH为5时,则不易产生子实体。

五、菌种制作

(一)母种制作

1. 培养基配方

母种培养基与羊肚菌母种的分离培养有密切关系。这里收集各地科研部门经过试验筛选的几种配方,供选用。

(1)马铃薯200克,葡萄糖20克,硫酸铵2克,蛋白胨1克,硫酸镁1克,磷酸二氢钾1克,水1000毫升,pH 6.5~7(华南师范大学生物系张松等,2001)。

(2)豆芽200克(煮汁),葡萄糖20克,琼脂20克,硫酸镁0.3克,磷酸二氢钾1.5克,维生素$B_1$10毫克,水1000毫升,pH 6.5(四川绵阳食用菌研究所朱斗锡等,2008)。

(3)马铃薯200克,葡萄糖20克,磷酸二氢钾1.5克,硫酸镁0.3克,维生素$B_1$10毫克,水1000毫升,pH 6~7(陕西生物科学与工程学院李树森等,2008)。

(4)黄豆芽200克(煮汁),麦麸200克,腐殖土100克(悬浮液),玉米粉50克,蔗糖20克,琼脂20克,水1000毫升,pH 6~7(长白山真菌研究所王绍余,2009)。

(5)阔叶树木屑400克,黄豆粉100克,蔗糖20克。

(6)酵母膏1克,玉米粉100克,麦麸40克,蔗糖20克。

(7)苹果50克,蛋白胨1克,蔗糖20克。

以上(4)~(7)四种配方均另加磷酸二氢钾1克,硫酸镁1克,琼脂20克,水1000毫升,pH自然(沈阳大学农学系杨绍彬、牛志涛等设计)。

(8)黄豆芽500克,白糖20克,琼脂20克,羊肚菌基脚土50克。

(9)黄豆芽500克,白糖20克,琼脂20克,磷酸二氢钾1克,硫酸镁1克。

(10)马铃薯200克,白糖20克,蛋白胨0.5克,牛肉膏0.5克。

(11)蛋白胨1克,白糖20克,琼脂20克,酵母膏1克,磷酸二氢钾1克,硫酸镁1克。

(12)杨树木屑500克,白糖20克,琼脂20克。

上述(8)~(12)五种配方,由吉林农垦特产高等专科学校唐玉芹、赵义涛设计。

(13)小麦50克,苹果渣50克(煮汁),磷酸二氢钾2克,葡萄糖20克,硝酸钾0.1克,氯化钾0.5克,硫酸镁0.5克,硫酸亚铁0.01克,琼脂20克,水1000毫升,pH 7~7.5(李峻志等,2001)。

2. 配制方法

同常规。

3. 母种分离

分离方法有以下三种。

(1)孢子分离法　采集的羊肚菌种菇,表面可能带有杂菌,要用75%的酒精擦洗2~3遍,然后再用无菌水冲洗数次,用无菌纱布吸干表面水分。分离前还要进行器皿的消毒。把烧杯、玻璃罩、培养皿、剪刀、不锈钢钩、接种针、镊子、无菌水、纱布等,一起置于高压灭菌器内灭菌。然后连同酒精灯和75%酒精或0.1%升汞溶液,以及装有经过灭菌的琼脂培养基的三角瓶、试管、种菇等,放入接种箱或接种室内进行一次消毒。

孢子采集可分整朵插种菇、三角瓶钩悬等方法。操作时要求在无菌条件下进行。

①整菇插种法:在接种箱中,将经消毒处理的整朵种菇,插入无菌孢子收集器里,再将孢子收集器置于适温下,让其自然弹射孢子。(图3-4)

②三角瓶钩悬法:将消过毒的种菇,用剪刀剪取拇指大小的菇盖,挂在钢钩上,迅速移入装有培养基的三角瓶内。菇盖距离培养基2~3厘米,不可接触到瓶壁,随手把棉塞塞入瓶口。为了便于筛选,一次可以多挂几个瓶子。

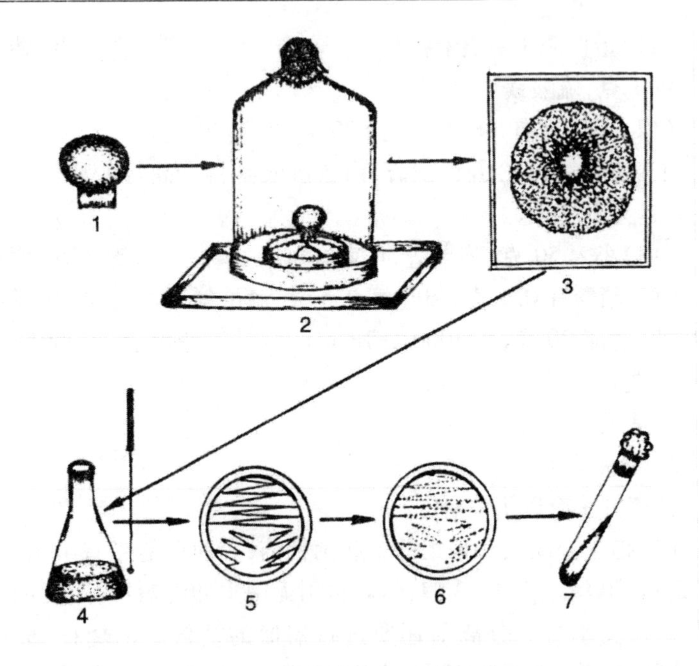

图3－4 钟罩法采集分离伞菌类孢子

1. 种菇 2. 孢子采集装置 3. 孢子印 4. 孢子悬浮液 5. 用接种环蘸取孢子液在平板上划线 6. 孢子萌发 7. 移入试管培养基内培养

(2)组织分离法 组织分离法属无性繁殖法。它是利用羊肚菌子实体的组织块,在适宜的培养基和生长条件下分离培养纯菌丝的一种简便方法(图3－5)。

(3)基内分离法 在野外采集羊肚菌种菇的地面,挖取基质含腐殖物土壤,除去附着物,提取其中粗壮、新鲜的菌丝夹,清水洗净,晾干;在无菌条件下,用无菌水反复冲洗、纱布吸干后,用接种针钩取菌丝夹先端的一小块,移接入试管斜面或培养皿的培养基上,在25℃条件下培育。

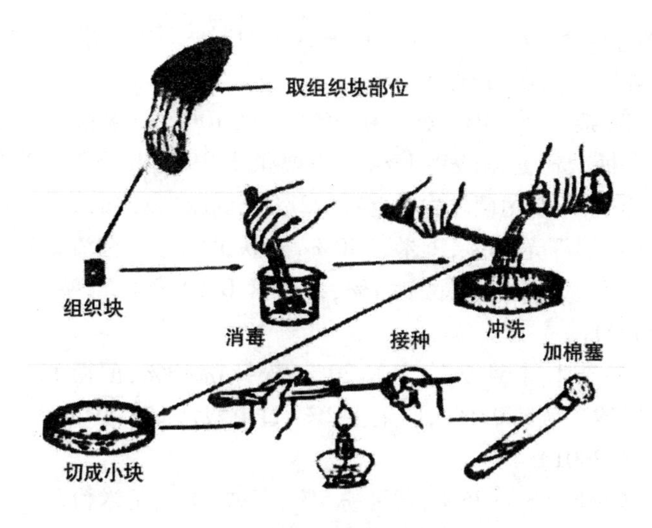

图3－5　羊肚菌组织分离示意图

以上各分离法均可提纯培育出母种。

4. 接种培养

将分离的母种按常规接入配制好的斜面培养基上，每支母种可接10～15支试管，母种只能扩繁一次，不能多接或多扩，更不能传代，否则影响子实体生长。接种后置18℃～22℃下避光培养，7天左右可长满斜面培养基。如不及时使用，需放入冰箱在0℃～3℃下保存，时间最长不得超过半年。

（二）原种和栽培种制作

1. 培养基配方

羊肚菌原种与栽培种的培养基配方可以通用。常见配方有以下几种。

（1）栎树木屑50%，棉籽壳30%，麦麸皮15%，白糖、石膏、过磷酸钙各1%，羊肚菌基脚土2%（水溶液，下同）；或栎树木屑76%，麦麸10%，黄豆粉5%，玉米粉5%，白糖1%，石膏1%，腐殖土2%（丛桂芹，2009）。

（2）棉籽壳40%，木屑35%，麦麸20%，腐殖土2%，过磷酸钙1%,石膏1%,白糖1%。接种后在24℃~27℃下培养,菌丝浓密、健壮,长势强(张松等,1994)。

(3)杂木屑75%,黄豆粉5%,麦麸10%,玉米粉5%,石膏1%,白糖1%,过磷酸钙1%,林下腐殖土2%,pH 自然。采用这种培养基,羊肚菌菌丝生长健壮,22天长满瓶(杨绍斌等,1998)。

(4)棉籽壳70%,玉米芯20%,麦麸5%,羊肚菌渣2%,葡萄糖1%,石灰1%,过磷酸钙1%,维生素$B_1$10毫克/千克(李素玲等,2000)。

(5)杂木屑64.9%,麦麸20%,松针粉10%,蔗糖1%,石膏1%,磷酸二氢钾0.1%,腐殖土2%,过磷酸钙1%,pH 6.5~7(李峻志等,2001)。

(6)硬杂木屑75%,黄豆粉5%,麦麸10%,玉米粉5%。

(7)硬杂木屑75%,米糠15%,黄豆粉5%。

(8)玉米芯50%,硬杂木屑30%,米糠15%。

(9)稻草粉75%,米糠15%,黄豆粉5%。

以上(6)~(9)各配方中均加石膏1%、白糖1%、过磷酸钙1%、林下腐殖土2%,pH 自然。

2. 配料、装瓶(袋)、灭菌

按常规进行。

3. 接种培养

(1)原种接种法　原种是由母种接入,每支羊肚菌母种,可扩接原种4~6瓶。

(2)栽培种接种法　栽培种是由原种进一步扩大繁殖而成,每瓶原种可接栽培种30~40瓶或袋。

(3)培养管理　羊肚菌原种和栽培种接种后移入培养室发菌,培养室要求清洁干燥、避光,培养温度控制在15℃~18℃,有利于菌丝正常生长。如果室温低于8℃或高于28℃,菌丝停止生长或死菌。室内要遮光,空气相对湿度控制在70%以上,防止潮湿。每天定时开窗通风换气,保持室内空气新鲜。经常检查菌丝生长状况,发现杂菌污染,应及时搬离淘汰,防止病害蔓延。

(4)质量检验

①菌龄:用来栽培的菌种,菌龄以30～35天、菌丝走至离瓶袋底1～2厘米为适。菌种菌龄超长,开始出现菌被,表面出现浅褐色表明菌丝开始老化,菌种收缩,过于干燥;或有子实体发生,菌丝活力有变弱趋势。老化菌种带杂的可能性较大,接种后污染率较高,不能使用。

②外观:正常羊肚菌菌种菌丝为白色转棕黄色,健壮有力,走势整齐,无间断,无节疤。凡是菌种及棉塞上发现有红、褐、灰、黑、绿、黄色的斑点,说明菌种已被杂菌污染,此类菌种属劣质菌种,绝对不能使用。

③基质:正常菌种的菌丝与瓶、袋壁紧贴,亦布满全瓶、袋,看不见培养料,上下内外一致,密集;尖端整齐,茸毛菌丝旺盛。若是菌袋的手感紧实,稍有弹性,菌种挖出成块而不松散,这是优良菌种的表现。

六、常规栽培技术

1. 栽培季节

羊肚菌野生时,多于春末夏初发生在林中潮湿地上及河边沼泽地上,是春季著名的野生食用菌。其菌丝生长最适宜的温度为18℃～22℃,子实体形成和生长最适宜的温度为15℃～18℃。因此,各地应根据本地气温条件确定栽培季节。一般黄河以南地区,可在3月上中旬播种,5月中下旬出菇。长江以南地区可适当提前20天左右播种;黄河以北及西南地区,可推迟30天左右(即在4月中下旬)播种。

2. 栽培料配方

羊肚菌栽培料主要采用固体培养基,这里收集部分配方,供栽培者选用。

(1)栎树木屑70%,麦麸25%,白糖1%,石膏1%,细土3%,含水量65%,pH 6.5(朱斗锡,2008)。

(2)玉米芯40%,杂木屑20%,豆壳15%,麦麸20%,磷肥1%,石膏1%,白糖1%,草木灰2%,含水量60%,pH 6～7(李树林、陈文强,2008)。

(3)玉米芯35%,棉籽壳15%,杂木屑20%,麦麸10%,北芪渣(中药材)或杨树根土20%,含水量65%,pH 6~7(李素玲,2000)。

(4)农作物秸秆、玉米秆或豆秸75%,米糠10%,麦麸10%,蔗糖1%,石膏1%,过磷酸钙1%,土壤2%,含水量65%,pH 6.5~7.5(兰进等,2001)。

(5)杂木屑40%,棉籽壳35%,麦麸20%,磷肥1%,腐殖土3%,石膏1%,含水量65%,pH 自然(丁湖广,2004)。

(6)棉籽壳75%,麦麸20%,石灰1%,石膏1%,腐殖土3%,含水量65%,pH 自然(宋丽光,2004)。

3. 配料与装袋

(1)培养料配制　任选以上配方一种,按常规配制。

羊肚菌人工栽培方式是以熟料袋为主,因此多采用塑料袋(也可采用罐头瓶等容器装料,作为长菇载体)。采用装袋机装袋(每台每小时装1500~2000袋)。装袋量因基质不同差异较大,木屑为原料的因材质硬软有别;棉籽壳为原料的,籽壳附着棉纤维多少有别;玉米芯、甘蔗渣、豆秸粉等较为疏松,因此,每袋装料量标准无统一规定。这里以杂木屑和棉籽壳等混合原料为配方,不同规格栽培袋,按一般松紧度所装的料量,见表3-1。

表3-1　羊肚菌不同规格栽培袋的装料量表

袋长×宽(厘米)	主要原料	干料容量(克)	湿重量(克)	装后料高度(厘米)
15×38	木屑、棉籽壳	500~600	1060~1200	18~20
17×33	木屑、棉籽壳	400~450	860~930	15~16
17×35	甘蔗渣、杂木屑、棉籽壳	550~600	1180~1280	18~19
20×42	玉米芯、豆秸粉、棉籽壳	600~650	1280~1380	28~23

4. 灭菌要求

培养料装袋后进入灭菌工序。高压蒸汽灭菌,锅内压强0.152兆帕,灭菌时间视培养料性质,分别控制在1.5~2.5小时。

大规模栽培采用常压灭菌，按灶体大小和容量，一般6000～8000袋/灶的，其灭菌时间以点火上100℃后，保持20～24小时，中间不掺冷水，不降温，达标后卸袋冷却。

5. 接种培养

料袋灭菌后，冷却至30℃以下，按常规接种。接种后，搬进室内养菌，在适温条件下培养30～40天，菌丝长满袋；若气温偏低需50天长满袋，经后熟培养20～25天，再转入菇棚出菇。养菌管理主要控制好以下五点。

（1）恒定适温　培养室内温度调控至15℃～18℃，最适合菌丝生长。在适合的培养基和恒定温度范围内，菌丝日平均生长1～1.6毫米。秋末冬初气温偏低，如果培养室温度低于10℃，应人工增温，可采用空调或电热等设施提升温度，防止低温阻碍菌丝正常生长。

（2）保持干净　培养室保持清洁卫生，要求干燥、不潮湿，空气相对湿度70%以下，若湿度偏大，可在地面撒石灰粉除湿。

（3）遮光培养　菌袋培育期间，门窗应挂窗纱或草帘遮光，但要注意通风，不能因避光把培养室堵得密不透风，造成空气不对流。

（4）通风换气　经常开窗通风更新空气，如果通风不良，室内二氧化碳沉积过多，会伤害菌丝体的正常呼吸；同时，也给杂菌发生提供条件。尤其是在秋季高温时，如果不及时通风，会使室内菌温上升，对菌丝生长发育不利。

（5）翻堆检查　菌袋在室内培养期间要翻堆4～5次，第一次在接种后6～7天，以后每隔7～10天翻堆一次。翻堆时做到上下、里外、侧向等相互对调。

翻袋时认真检查杂菌，在菌袋料面和接种口上，如有花斑、丝条、点粒、块状等物，其颜色有红、绿、黄、黑不同，这些都属于杂菌污染。如有菌种不萌发，出现枯萎、死菌等，也应通过检查分类处理。

6. 出菇管理

将养好的菌袋脱袋后于菇房地下或床架上出菇，也可在室外利用林荫地做畦排袋出菇。具体要求如下。

(1)菇房排袋出菇　先将菇房或床架进行消毒,每立方米空间用甲醛10毫升加高锰酸钾1克进行密闭熏蒸。将菌袋脱袋后排于菇房地上或床架上。每层床面上铺一块塑料薄膜,上铺3厘米厚的腐殖土,拍平后将菌袋逐个排于其上,每平方米床面可排17厘米×33厘米的菌袋40个。

排完后喷轻水1次,覆土3~5厘米,表面再盖2厘米厚的竹叶或阔叶树落叶,保持土壤湿润。30天后可长出羊肚菌子实体。

(2)阳畦排袋出菇　选择“三分阳、七分阴”排水便利的林地做畦,畦宽100厘米,深15~20厘米,长度不限。整好畦后轻浇1次水,并用10%的石灰水浇洒畦床内,以杀灭害虫和杂菌。排袋方法及覆土等同室内排袋要求。只是底层不必铺薄膜,要注意畦内温度变化,防止阳光直射。

7. 病虫害防治

羊肚菌在菌丝生长与子实体生长阶段都会发生病虫害。要以预防为主,保持场地环境清洁卫生。播种前对菇房或场地进行灭菌杀虫处理。后期发生虫害,在子实体未发生前可喷除虫菊或10%的石灰水,以利杀灭害虫与杂菌。

8. 采收

羊肚菌从子实体出现到成熟一般需10~15天,当子实体颜色由灰色变为金黄褐色菌、帽网眼充分张开,由硬变软时,表示已经成熟,即可采收,如不及时采收,很快就会被虫蛀蚀,最后留下菇体躯壳。羊肚菌的成熟时间参差不齐,必须分批采收。采收时用手捏住菌柄,左右轻轻摇动连根拔起,注意不要损伤周围幼小羊肚菌。采大留小,可持续采收1个多月。

七、野外仿生态栽培法

现有羊肚菌栽培主要采取熟料袋栽或床栽,能否像竹荪一样采用生料野外栽培?经各地探索与攻关,并取得突破性进展。吉林省蛟河市白山真菌研究所王绍余,近年来在黑脉羊肚菌生长适合的环境场所，把室内培养生理成熟的菌袋排放于整理好的畦床上进行覆土培育，长出黑脉羊肚菌子实体。现将野外仿生态生料栽培方法介绍如下。

1. 菌种分离

采集野生尖顶羊肚菌，取菌柄切成4厘米小段，用无菌水冲洗30分钟后，置于75%的酒精中消毒20~30分钟，再用0.1%的氯化汞溶液处理5分钟，最后用无菌水连续冲洗5次。将菌柄纵切，挑取中间0.2厘米×0.2厘米的组织小块，接种于斜面培养基上，在28℃下培养6~8天菌丝长满试管斜面。

2. 菌种分离培养基

马铃薯20%，葡萄糖2%，磷酸二氢钾0.005%，硫酸镁0.003%，维生素B_1 10毫克，制成试管斜面母种培养基。

3. 栽培培养料

玉米芯（粉碎）15%，麦麸80%，磷肥1%，石膏1%，白糖1%，草木灰2%，料水比1∶1.3（含水量60%左右），pH自然。

4. 选地挖坑

在海拔1100米的稀疏林下及林缘选地，山势从东向西，以栎类、桦树林为主。土质为黄砂石土，pH 7.5，年均降水量860毫米，年平均气温13.2℃，年无霜期230天左右。11月初在林下及林缘边平缓的半阴半阳、土质疏松潮湿、排水性好的坡地，挖20~25厘米深的栽培坑。

5. 铺料播种

栽培时先用水将坑底浇湿，在湿土上铺一层培养料，压平后铺料厚4~5厘米。菌种按每平方米2袋（12厘米×28厘米的袋）计算，播种时将菌种掰成2~3厘米大小的菌块，均匀地撒在料上，并覆盖薄薄的一层细腐殖土。然后铺第二层料，压平后仍以同法播种，并覆盖3~5厘米厚的疏松腐殖土，再盖一层阔叶树叶，并在其上适当洒些水，以保湿、保温。在树叶上搭盖一些树枝或刺条，以防人、畜践踏或树叶被风吹掉。

6. 出菇管理

羊肚菌是喜湿的菌类,整个生长过程中保湿十分重要。早春遇干旱时,要适时浇水。早春遇4℃以下寒冷或16℃以上温热时,会影响子实体的发育。因此,气温低时要覆盖稻草、麦秸或玉米秸等保温;气温高时要掀开覆盖物,加强通风换气。

羊肚菌是变温结实性菌类,早春3—4月份让阳光照射,可适当提高地温。白天用塑料薄膜搭盖保温增温,夜间掀开覆盖物降温,造成4℃~16℃的温差刺激,以便形成子实体。

长菇期要注意防冻害。当气温降至0℃以下时将造成原基全部冻化。而子实体形成后,要注意遮阴,防止太阳直射子实体。

7. 采收

人工栽培羊肚菌,从覆土到子实体发生直至采收,通常为20~30天,气温偏低,子实体发生时间延迟,菇体发育相对缓慢。

(1)成熟标志 羊肚菌子实体出土后7~10天就能成熟。一般长到七八成熟时采收。基本标志是整个菇体分化完整,由深灰色变成浅灰色或褐黄色,菌盖饱满,盖面沟纹明显,菌柄长轴与菌盖相连,此时就要采摘。开采时间,一般在上午9~12时。

(2)采收方法 采收时手指捏住菌柄基部,轻轻拔起,放入竹筐中,筐底铺放卫生纸或茅草,顺序排叠,轻取轻放,防止菇体破碎,影响产品外观和降低等级。

8. 鲜菇加工

保鲜加工方法:用小刀削净菌柄基部杂质,排放在网纱筛上去湿,然后采用泡沫塑料盒排叠。每盒装100克、150克、200克,用透明保鲜膜覆盖包装。成品置于5℃保鲜橱展销。

9. 干制加工

采收后的羊肚菌应及时进行干制,否则就会发生菌蛆、线虫。晒干或烘干,晒干时将羊肚菌单个排放于晒帘上置阳光下,2~3天即可晒干;若用烘干机,将羊肚菌摊放于烘筛上烘烤1~2小时即可干燥,取出分级后用塑料袋密封包装。在干燥和包装过程中,不要弄破菌帽,必须保持菇体完整,否则将降低商品价值。

10. 分级标准

(1)一级品　宝塔形,尖顶,深灰色,全干,无杂质,无损伤,无破烂,无虫蛀,无霉变,无异味,香气浓,朵形完整,肉厚,柄长 1 厘米以内(剪脚),菌帽直径 2 厘米以上。

(2)二级品　尖顶,深灰色,全干,无杂质,无损伤,无破烂,无虫蛀,无霉变,无异味,香味浓,朵形完整,肉厚,柄长 1 厘米以内(剪脚),菌帽直径 1 厘米以上。

(3)三级品　全干,无杂质,有损伤,无破烂,无虫蛀,无霉变,无异味,香味浓,朵形基本完整,肉稍薄,柄较长,无泥脚,菌帽直径 1 厘米以下。

(4)级外品　全干,无杂质,朵形破烂不完整,无虫蛀,无霉变,无泥脚,无异味,有香味,肉薄。

第四章　几种珍稀菇菌

一、鸡油菌

(一)概述

鸡油菌别名黄丝菌、黄菌、黄蕈、黄伞蕈、杏菌、鸡蛋黄菌等，是一种珍贵的世界性的著名食、药用菌。因其菌体色泽金黄，颜色鲜艳似鸡油和蛋黄而得名。属担子菌亚门层菌纲非褶菌目喇叭菌科鸡油菌属真菌。

鸡油菌子实体香气浓郁，肉质细嫩，味道鲜美，十分可口。它营养丰富，每100克干品中含蛋白质21.5克，脂肪5克，碳水化合物64.9克，粗纤维11.2克，灰分8.6克。在蛋白质中，氨基酸含量高，人体必需的8种氨基酸均有，其中苯丙氨酸含量为513毫克，赖氨酸为230毫克，苏氨酸743毫克，缬氨酸354毫克，亮氨酸583毫克，异亮氨酸230毫克，蛋氨酸35毫克，色氨酸283毫克。还含有胡萝卜素、维生素A、维生素C和钙、铁、磷等多种矿物质元素。

鸡油菌具有很高的药用价值。中医认为，鸡油菌性平、味甘，具有清肝、明目、利肺、和胃、益肠等功效。经常食用该菌，可防治因维生素A缺乏所引起的皮肤粗糙或干燥症、角膜软化症、视力失常、眼炎、夜盲等疾病，还可预防某些呼吸道和消化道感染性疾病。

现代医学研究表明，在红鸡油菌中含有较多的类胡萝卜素，204鸡油素(一种多烯类脂肪酸衍生物)在人体内可转化为维生素A，有降低致癌物质的作用。鸡油菌的子实体提取物，对小白鼠肉瘤S－180有抑制作用。

鸡油菌属中有一种小鸡油菌也可入药,其功效同鸡油菌。目前人工种植的多为此菌。具有良好的开发利用前景。

(二)形态特征

1. 鸡油菌

子实体肉质,群生或近丛生,也有单生,杏黄色至蛋黄色,高7~12厘米。菌盖初期扁平,边缘内卷,后展开,中央下凹,呈漏斗状,直径3~9厘米,表面光滑,略粗,边缘厚钝,呈波浪状;菌肉白色或近蛋黄色。菌褶菱形,窄而圆,排列疏松,略有弯曲,分叉或相互交错,向下渐细,光滑,肉质,内实。菌柄基部常有5~6条索状假菌根,在显微镜下观察,菌丝肥肠状,多分枝,无分隔。孢子卵形或椭圆形,无色透明,光滑,大小为(7~10)微米×(5~6.5)微米。孢子卵白色。(图4-1)

图4-1　鸡油菌

2. 小鸡油菌

子实体群生,小型,橙黄色,菌盖扁平,后下凹,光滑,边缘常瓣裂,直径1~3厘米,菌肉淡黄色,味香,菌褶狭窄,菱脊形,排列稀疏,与菌柄延生。菌柄长1~2厘米,粗2~5毫米,向下渐细,淡橙黄色,内部松软,后变中空。孢子椭圆形,无色,光滑,(6~8)微米×(4.5~5)微米。

（三）生长条件

1. 营养

鸡油菌是树木外生菌根菌。野生时常与云杉、冷杉、铁杉、栎、栗、山毛榉、鹅耳枥等形成菌根生于林中地上。人工栽培时选用杂木屑、玉米秆（芯）、油菜秆、林地腐殖土或菜园土等作培养料可满足其对营养的要求。

2. 温度

菌丝生长较耐低温，10℃～30℃均可生长，但以25℃～28℃最为适宜；子实体形成要求较高温度，28℃～31℃下有利它的形成和发育。

3. 湿度

鸡油菌喜阴湿，对湿度要求较高。人工栽培时，培养料含水量以65%～70%为宜；子实体的生长发育，要求空气湿度达85%～95%。

4. 光线

鸡油菌喜荫蔽环境，菌丝生长对光线要求不严，子实体的生长发育则需要有一定的散射光。

5. 空气

鸡油菌属好气性真菌，要求生长环境通风良好，通气差生长发育受阻，而且容易滋生杂菌。

6. pH

菌丝生长阶段，要求pH在4～5，子实体形成的pH以4.5～5为宜。

（四）菌种制作

1. 母种制作

（1）母种来源　新开发区以引种为宜；有野生鸡油菌的地方，可采用组织分离法分离培养获得。组织分离方法参照多孔菌类组织分离法进行。

（2）培养基配方　马铃薯（去皮）250克，蔗糖20克，酵母浸膏20克，琼脂20克，磷酸二氢钾0.5克，硫酸镁0.1克，水1000

毫升,pH 6。

(3)配制与接种 按常规方法配制,经灭菌冷却至30℃以下按无菌操作接入引进或分离的试管种,在25℃~28℃下培养10天左右,当菌丝长满斜面即为母种。经检验无杂菌污染,即可用于转接原种或栽培种。

2. 原种和栽培种的制作

(1)培养基配方 原种和栽培种均可采用木屑64.9%,油菜秆或玉米芯10%,麦麸10%,林地腐殖土或菜园土10%,过磷酸钙2%,蔗糖1.5%,尿素0.5%,石膏1%,维生素$B_1$0.1%,水适量,pH 6。

(2)配制与接种 按常规配料、装瓶(袋)、灭菌、冷却、接种。接种后将其移入培养室于25℃~28℃下培养,经30~40天菌丝可长满瓶(袋),如无杂菌感染,即可用于生产。

(五)栽培方法

鸡油菌常采用瓶栽法和箱栽法,现将有关方法分述如下。

1. 瓶栽法

(1)培养基配方 杂木屑49.9%,林地腐殖土或菜园土30%,米糠13%,尿素1%,蔗糖1.5%,过磷酸钙2%,硫酸镁0.5%,石膏2%,维生素$B_1$0.1%,含水量65%左右。

(2)配料、装瓶、灭菌 将上述原料混合加水拌匀,调pH 6左右,分装于广口瓶或水果罐头瓶中,揩净瓶口和瓶外,塞上棉塞,用塑料膜和旧报纸或牛皮纸包扎瓶头,高压灭菌1.5小时,冷却备用。

(3)接种培养 灭菌后将培养基瓶移入无菌室或接种箱中,按无菌操作接入菌种,搬至培养室,在25℃~28℃下培养40~45天,菌丝即可长满瓶,并在瓶面出现鸡油菌子实体原基。此时要拔去瓶口棉塞,以利通气增氧,促进子实体生长,并要将温度提高到28℃~32℃,空气湿度调至85%~95%,给予一定的散射光照。

(4)采收 当菌盖尚未完全展开、八九成熟时,即可采收。采收过晚,口味差,影响商品价值。采收的鲜菇可就近鲜销,也可干制后出口。

2. 箱栽法

(1)配料培菌　培养基及配制可采用瓶栽法进行,将培养料装入瓶或塑料袋中,经灭菌接种后培养发菌,当菌丝长满培养料后,将培养料倒入箱中,进行箱栽。

(2)装箱培养　采用木箱或纸箱装料,先在箱底铺一层4~5厘米的腐殖土,稍压实后其上铺一层2~3厘米的发菌料,压实,覆膜保温保湿,以利菌丝恢复生长。

(3)培养管理　装箱后10天左右,就可向箱面喷雾化水,要轻喷、勤喷,以水不渗入培养基,又能保持表面湿润为度。当培养基表面出现白色菌丝斑片后,向料面喷一次0.1%的维生素B_1和尿素混合营养液,可促进菌丝生长和原基形成。

(4)覆土出菇　喷混合营养液后即可进行覆土。覆土材料以腐殖土或塘泥晒干打碎成1厘米见方的土粒为好。覆土厚度5~7厘米,将土粒含水量调至70%~75%,每天喷水2次,隔天喷1次上述混合营养液,并加强通风换气,能很快长出子实体。

(5)采收　当子实体长至八九成熟,菌盖未展开时采收。采收后整理箱面,补盖腐殖土,并喷营养液,促进下批子实体形成。

上述栽培方法,很适合城镇居民在室内、阳台、房顶等地进行种植。

二、猪肚菇

(一)简介

猪肚菇别名大漏斗菌、大杯香菇、笋菇(福建)、红银盘(山西)、巨大韧伞、大斗菇等。隶属担子菌门担子菌纲多孔菌目多孔菌科革耳属。

猪肚菇是我国北方地区一种野生珍稀食用菌,夏季成群地生长在林野地上,被山区人民采摘食用。其口感风味独特,似猪肚般的滑腻,因此而得商品名“猪肚菇”。菌柄去掉表皮后食用,似竹笋般的清脆,市场上将去皮的菌柄称为“笋菇”。

猪肚菇营养丰富,据分析其蛋白质含量比香菇、金针菇稍高。菌盖中的氨基酸含量占干物质的16.5%,其中必需氨基酸占氨基酸总量的45%,高于大多数食用菌。尤其是亮氨酸和异亮氨酸的含量最为丰富。菌盖中粗脂肪含量高达11.4%,还有人体必需的矿物元素,如钼、锌等,这些营养成分对人体健康十分有益。

猪肚菇主要分布在东南亚和大洋洲等热带及亚热带地区,我国的广东、福建、湖南、海南、浙江和云南等省也有分布。

猪肚菇生长条件粗放,适用原料广泛,且在夏季出菇,对于应对食用菌生产淡季和调节市场供应很有意义,具有广阔的开发应用前景。

猪肚菇在国内最早是由福建省三明真菌研究所从野生菌中分离驯化出来的,经过20多年栽培研究,目前对其生物学特性、营养价值、栽培技术等方面有了一定的成果。2008年5月福建省龙海市九湖食用菌研究所研发的猪肚菇产品,通过农业部质量安全中心无公害产品和产地双方认证,正式使用无公害产品防伪标志。现已能商品化生产,深受人们欢迎,具有良好的开发前景。

(二)形态特征

1. 菌丝体形态

在PDA平皿培养基上,猪肚菇的菌落呈放射状生长,菌丝白色,丝状,生长迅速,常有同心环纹出现。菌丝生长后期,紧贴培养基表面长出短密有粉质感的气生菌丝,出现这种菌丝很快即形成子实体。显微镜观察猪肚菇菌丝为双型菌丝系统,生殖菌丝直径5~8微米,膨胀,具厚或稍厚的壁,多分枝,具隔膜和锁状联合;骨骼菌丝直径3.6~4.8微米,无色,间生或端生,厚壁具窄腔,顶端渐尖,偶有分枝,无隔膜。

2. 子实体形态

子实体中等至大型。菌盖幼时扁半球形至近扁平形,中央下凹,逐渐呈漏斗状至碗状,直径4~23厘米;表面暗褐色或浅黄色,但中央色深,分裂为不明显的鳞片,上附有灰白色或灰黑色菌幕残留物;边缘强烈内卷,然后延伸,薄,稍有槽状条纹。菌褶延生,白色至浅黄白色,稍密至密,具3种或4种长度的小菌褶。菌柄长4~18厘米,中生或稀偏生,实心,倒圆锥形,近地面处略粗,基部向下延伸成根状;表面与菌盖同色,顶部较苍白,被绒毛;菌幕薄,絮状,苍白色至灰黑色,不形成菌环;菌肉近菌柄处厚5~15毫米,菌盖边缘近膜质,白色,肉质至海绵质,孢子印白色。

(三)生态习性

野生猪肚菇夏初秋末炎热季节单生、丛生于林地或腐枝落叶层上,一般误认为是土生菌。经研究发现,它属于腐菌,以枯枝腐木等为营养来源。在自然状态下,野生猪肚菇的菌丝蔓延于土层深处,条件适宜时菌丝穿过土层在光、水、气的作用下发育形成子实体。人工栽培时,菌袋培养后期,要如蘑菇那样覆土栽培。

(四)生长条件

1. 营养

野生猪肚菇的营养来源于地下枯枝。人工栽培时,在木屑、甘蔗渣、棉籽壳、稻草等培养基上均能很好生长。猪肚菇能利用葡萄糖、蔗糖、果糖、淀粉,不能利用乳糖;能利用蛋白胨和铵态氮,不能利用硝态氮。在葡萄糖蛋白胨培养基上菌丝生长迅速,但不浓密,未长满斜面即形成子实体。

2. 温度

菌丝体生长温度为15℃~35℃,最适温度26℃~28℃。子实体发育温度23℃~32℃。由此可见,猪肚菇菌丝生长阶段偏向中温型,而子实体发育阶段却属高温型。这与多数食用菌对环境温度的要求是由高到低有所不同。

3. 水分

菌丝生长适宜的基质含水量为60%~65%。子实体发育阶段对空气湿度的要求比一般食用菌低。原基分化时,空气相对湿度低于75%,出现原基顶端龟裂。原基分化发育后,呼吸作用和蒸腾作用增强,对水分的需求也逐步增加,此时应适当提高覆土层的含水量,并保持空气相对湿度在80%~90%。

4. 光照

菌丝生长无需光照,但子实体生长阶段与光的关系密切。表现为在完全黑暗的条件下子实体原基不能形成;原基分化比原基形成需要更大的光量;在微弱的光线下原基长成细长棒状,不长菌盖,只有增加到一定光量时,原基上部才会分化发育长出菌盖;子实体的发育期适当增加光量可促进原基分化,有利于提高子实体的质量,但直射光和过强的光照会抑制子实体形成,有降低产量的趋势。

5. 空气

在子实体发生阶段对于空气的要求与一般木生菌不同。一定量的二氧化碳积累对于原基的形成是有益的。人工栽培时在培养料上覆盖一层土或沙等覆盖物是十分关键的措施。原基分化和发育则需要充足的氧气,所有栽培袋内的原基都必须露出袋口才能分化,长出菌盖。

6. 酸碱度

猪肚菇对于环境 pH 的要求偏酸性。据试验,pH 在 3.2 以下,菌丝不生长;pH 在 5.1 ~6.4,菌丝生长迅速、洁白,并很快形成子实体。因此,猪肚菇菌丝生长的 pH 下限为 3.2 左右,适宜 pH 5.1 ~6.4。

(五)菌种制作

1. 母种分离

猪肚菇可采用组织分离法获得母种。按常规方法对分离材料表面消毒处理,在菌盖与菌柄的连接处取一小块组织,接种在 PDA 培养基上,置 25℃ ~28℃ 条件下培养,然后进行纯化。从组织块上萌发的菌丝,经 10 ~12 天长满培养基斜面。菌丝白色,浓密,绒毛状。在有光照的条件下,15 天左右在培养基斜面可形成原基,约 1 个月能发育成米粒大小、带有鳞片的白色子实体直抵棉塞即为母种。

2. 母种培养

母种培养基除采用 PDA 培养基外,还可选用玉米粉 200 克,麦麸 30 克,葡萄糖 20 克,磷酸二氢钾 3 克,硫酸镁 2 克,酵母 6

克,维生素 B_1 10 毫克,琼脂 20 克,水 1000 毫升。还有一个配方为:猪肚菇子实体 250 克,产地腐殖土 100 克(浸泡,取滤汁用),蔗糖 20 克,磷酸二氢钾 3 克,硫酸镁 1.5 克,水 1000 毫升。加热后,在搅拌条件下加入炒熟的大米粉,与上述溶液混匀后,分装到试管内,灭菌后,趁热摆成斜面。此法不用琼脂,尤其适合边远地区生产者使用。

将分离纯化母种按无菌操作接于培养基斜面上培养,培养温度 25℃ ~28℃,10 ~12 天菌丝在培养基斜面长满,即为扩繁母种。

3. 原种和栽培种制作

(1)培养基配方　原种和栽培种采用一般木屑培养基均可,常用以下两种。

①阔叶树木屑 100 千克,麦麸 15 千克,玉米粉 15 千克,石灰 2 千克,蔗糖 2.5 千克,石膏粉 1 千克,轻质碳酸钙 2 千克。

②玉米粒 100 千克,石灰 1 千克,麦麸 15 千克,石膏 1 千克,轻质碳酸钙 1 千克,蔗糖 1.5 千克。将玉米粒放入石灰水中浸泡 6 ~12 小时,捞起,用清水淋洗至表面无石灰质,通入蒸汽 5 ~10 分钟,使表皮紧缩,熟化,趁热拌入其余辅料。

(2)培养方法　按常规方法装瓶、灭菌,接种后在 25℃ ~28℃条件下培养,原种需 30 ~35 天长满瓶,栽培种需 25 ~30 天长满瓶或袋。如无杂菌污染,即可用于栽培生产。

(六)栽培技术

1. 栽培季节

在自然条件下,猪肚菇大量发生于 6—9 月份,子实体发生时的温度为 23℃ ~32℃,故菌袋接种时间应安排在春季,气温回升到 23℃以前的 40 ~50 天。在长江流域和华北地区,一般安排在 5 月份以前接种,9 月份出菇。有调温设施可适当延长生产时间。东南沿海和华南地区,春栽宜在 3—5 月份接种,9 月份出菇,秋栽可在 9 月份下旬至 11 月上旬接种,在自然温度下发菌,经 25 ~35 天菌丝在袋内长满。此时已进入低温季节,菌丝在低温下仍可缓慢生长,积累更充足的养分。到翌年清明后,在野外荫棚内进行覆土栽培,很快就可采收第一潮菇。

2. 培养料配方

猪肚菇栽培原料比较广泛,杂木屑、棉籽壳、甘蔗渣、废棉等都可作为栽培原料。下面介绍常见几种配方。

(1)以杂木屑为主的配方

①杂木屑 78%,麦麸 20%,蔗糖 1%,碳酸钙(或石膏粉)1%。

②杂木屑 39.5%,甘蔗渣 39.5%,麦麸 20%,碳酸钙(或石膏粉)1%。

③杂木屑 39%,棉籽壳(或废棉)39%,麦麸 20%,蔗糖 1%,碳酸钙(或石膏粉)1%。

④杂木屑 40%,豆秸屑 40%,麦麸 15%,玉米粉 3%,蔗糖 1%,碳酸钙(或石膏粉)1%。

⑤杂木屑 49%,棉籽壳 29%,麦麸(或玉米粉)20%,蔗糖 1%,碳酸钙(或石膏粉)1%。

(2)以棉籽壳为主的配方

①棉籽壳 39%,杂木屑 34%,麦麸 25%,蔗糖 1%,轻质碳酸钙 1%。

②棉籽壳 50%,杂木屑 30%,米糠 14%,玉米粉 5%,石灰粉 1%。

③棉籽壳 40%,玉米芯 44%,米糠 10%,玉米粉 5%,石灰粉 1%。

④棉籽壳 48%,杂木屑 30%,麦麸 20%,蔗糖 1%,碳酸钙 1%。

⑤棉籽壳 83%,麦麸 10%,玉米粉 5%,蔗糖 1%,碳酸钙 1%。

(3)玉米等混合配方

①玉米芯 50%,棉籽壳 30%,麦麸 10%,玉米粉 7%,蔗糖 1%,过磷酸钙 1%,石膏粉 1%。

②玉米芯 45%,豆秸粉 30%,麦麸 15%,玉米粉 7%,蔗糖

1%，过磷酸钙 1%，石膏粉 1%。

③秸秆粉 38%，棉籽壳 38%，茶籽饼粉 17%，玉米粉 4.5%，蔗糖 1%，过磷酸钙 0.5%，石膏粉 1%。

④菌草粉 38%，棉籽壳 38%，茶籽饼粉 17%，玉米粉 4.5%，蔗糖 1%，过磷酸钙 0.5%，石膏粉 1%。

⑤甘蔗粉 40%，杂木屑 37%，麦麸 15%，豆粉 6%，蔗糖 1%，石膏粉 1%。

3. 菌袋和菌株选择

（1）菌袋制作　通常采用规格为 15 厘米 ×55 厘米低聚乙烯袋装料，每袋装干料约 700 克。如果采用两端接种，则在两端袋口套塑料颈圈，或用尼龙线扎封袋口。也可依照香菇袋栽法，在菌袋的同一平面上打 3～4 个接种穴，接种后用透明胶带贴封穴发菌。另一种是短袋栽培，采用 17 厘米 ×34 厘米规格塑料折角袋，每袋装干料量 350 克，解袋接种。装料要求松紧适度，特别是料与袋膜之间不能留有空隙，以防接种时吸入空气，发生污染，或在袋壁形成原基，消耗养分。

常压灭菌料袋。小型灭菌灶通常装量为 1000～3000 袋，要求点火后 2 小时袋内中心温度达 100℃，然后保持 16～20 小时；大型灭菌灶的容量一般 5000～10000 袋，灭菌时间要延长到 24 小时。待料温自然降低到 60℃ 时出锅，将菌袋趁热移到无菌室内。料温冷却到 28℃时，在菌袋两端接种，或在袋面用专用接种器接种。亦可在灭菌后，打孔、接种同步进行。每袋猪肚菇菌种，一般可接短袋 40～50 袋，长袋 20～25 袋。

（2）菌株选择　猪肚菇的菌株有贵州习水县酒镇食用菌研究中心选育的 1 号菌株、山东省济宁市光大食用菌科研中心选育的 2 号菌株、福建省三明真菌研究所选育的龙岩 3 号和永安 4 号以及收购鲜菇原料中分离的 5 号。

4. 养菌和覆土出菇

（1）菌袋培养　接种后的菌袋直立于培养室层架上避光培养，室内温度掌握在 25℃～28℃，空气相对湿度在 70%～75%。

菌丝培养阶段，前期关闭门窗，避免室内温度波动幅度过大；后期应加强通风透气，保持室内空气清新。培养过程中，分别于菌丝长至袋高的1/3和4/5时，进行两次查菌，剔除污染、死种或生长不正常的菌袋。正常情况下，40～50天菌丝可走满菌袋。

（2）开袋覆土　菌丝走满栽培袋10天后，且气温稳定在20℃以上时，便可除去套环，解开袋口，在培养料面覆土。覆土厚度为3～4厘米，可选用火烧土、田土、菜园土为覆土材料，土粒直径为1.5～2.0厘米。使用前应先将覆土置于太阳下晒至发白，然后加水调节土粒湿度，以土粒捏之扁而不散为度。将覆土后的菌袋上部往下折，使袋口边缘高出土面2～3厘米，并将处理好的菌袋均匀地竖直排列在室外畦面或室内出菇床架上。

（3）出菇管理　覆土后注意保持覆土湿润，并多关门窗或多盖膜，刺激原基分化。一般覆土后7～10天原基可露出土面。原基出土后，将场地空气相对湿度控制在80%～95%。空气相对湿度低于75%，原基顶部易龟裂，致使菌盖无法分化；同时，加强通风，保持场地空气清新，并注意使场地有一定的散射光。二氧化碳浓度过高、光线不足会推迟菌盖的分化时间，导致菌柄过长。整个出菇阶段场地温度应控制在23℃～32℃。喷水量根据菇体大小、覆土的湿度和气候情况具体掌握，菇多多喷水，菇少少喷水，晴天多喷，阴天少喷。根据菇体生长不同阶段，灵活控制通风量，菌柄出土、菌盖形成、生长各阶段依次加大通风量；菇房空气相对湿度保持在90%左右即可。当菇体成熟时及时采收，每潮菇采完后应及时补上覆土，停水养菌3～5天后，进行下潮出菇管理。

（4）病虫害防治　病虫害防治应遵循预防为主、综合防治的原则，尽量不使用化学药剂。菌丝生长阶段，重点防止各种霉菌侵入培养基造成污染。除生产环境、原辅材料、生产过程要严格按要求控制外，要注意查菌不宜过频繁。由于查菌时，翻动菌袋造成袋内外空气交换，会增加受污染概率。若有链孢霉污染，应在孢子堆未变色前，用浸过75%酒精的纱布或布块盖住孢子堆后,轻轻将污染菌袋移出室外处理。严防孢子在空间飘散,导致大面积污染。子实体生长阶段,重点防治各种害虫。主要是各类菇蝇、菇蚊。防治方法主要是搞好环境卫生,杜绝虫源;菇房的门、窗用60目的尼龙纱钉好,切断害虫侵入途径;场地悬挂黄板,诱杀蝇蚊,也可用电子灭蚊器、高压静电灭虫灯、黑光灯诱杀。子实体生长发育阶段不得喷洒农药,确保产品无害化。

(5)采收包装

①成熟标志:子实体达八九成熟,呈漏斗状、边缘内卷,孢子尚未弹射时应及时采收。

②采收方法:采收时采大留小,用剪刀在菇柄洁净处将菇体剪下即可。但注意勿伤及周边未成熟的子实体。每采下一朵子实体,应及时用手捏住残留在土中的菇柄,轻轻旋转拔出,避免菇柄在土中腐烂,招致病虫害发生。

③包装贮藏:上市销售的猪肚菌仅留1厘米的菌柄,采收后先将子实体多余的菌柄剪去,按菌盖大小分级采用塑料袋包装。根据销售对象,按每袋净重200克、250克、500克、2500克等不同规格包装,包装时抽去袋内空气,并迅速合紧袋口。采用托盘包装的,净重按100克、150克、200克等规格定量分装后,覆盖专用保鲜膜并热合密封。包装时尽量使菌盖表面朝外,菌褶朝内,外表丰满美观。上述包装材料应符合GB9687或GB9688的要求。为便于贮藏、运输,还要以箱、筐等做外包装,并要求牢固、无毒、清洁、无异味。

(6)保鲜加工

①降温处理:猪肚菇的保鲜存放时间比一般菇类长,在4℃冷藏设备条件下,敞开放置7~10天不会变质。采收后的鲜菇含水量较高,在冷藏中极易引起冻害,或在存放过程中引起发热变质。故采收的鲜菇应采用晾晒、热风排潮(干热风40℃左右)或用去湿机降湿,使鲜菇含水量降至80%左右。

②装箱冷藏:经过降湿处理的鲜菇,待菇体温度降至自然温度后,装入塑料周转箱移入1℃~4℃冷库内,进行短期贮存,等待

分级包装。鲜菇在冷藏过程中应尽量减少贮藏温度的波动,尤其要防止因低温中断,致使库温上升到20℃以上,造成菇体鲜度下降,甚至变质。冷藏时换气要在自然气温较低的晴天进行,并同时启动制冷机,以防止库温波动。

③包装运输:包装于起运前8~10小时在冷库内进行。按照客户的要求进行分级,切除菇根。将同样等级的鲜菇按规定重量装入塑料袋,抽真空后再装入塑料泡沫箱内,加盖密封,然后再装入瓦楞纸箱内,用胶带封口;或按客户要求,将鲜菇定量装入塑料托盘,用保鲜薄膜包好密封,再装入瓦楞纸箱内,胶带封口。

鲜菇包装后要及时运达港口。在气温低于15℃时,可用普通货车运送;气温高于15℃时,需用冷藏车(1℃~3℃)运送。在发运时,要考虑到达口岸所需运输时间,是否在有效保鲜期内,以免影响保鲜效果。

(7)产品分级标准　猪肚菇大多以菇盖鲜销为主,客商对不同等级规格的菇盖有不同的要求,国内市场感观指标见表4-1,安全要求必须符合农业行业标准《无公害食品食用菌》(NY 5095-2006)有关规定。

表4-1　鲜猪肚菇感观指标

项目	指标		
	一级	二级	三级
外观	菌盖圆,呈漏斗状,边缘内卷,菌柄直,菇体大小均匀	菌盖圆,呈漏斗状,边缘内卷,菌柄较直,菇体大小较均匀	菌盖较圆,边缘平直,少部分菌盖稍有缺裂,菌柄稍弯曲,菇体大小不太均匀
色泽	菌盖浅灰黄色至浅黄色		
气味	具有鲜猪肚菇特有的香味,无异味		
菌盖直径(厘米)	4.0~8.0	8.0~12.0	≤4.0或≥12.0
碎菇(%)	无	1.0	≥1.0

续表

项目	指标		
	一级	二级	三级
虫损菇(%)	无	1.5	≤2.0
破损菇(%)	无	≤1.0	≤2.0
一般杂质(%)		≤0.5	
有害杂质		无	

三、牛肝菌

(一)简介

牛肝菌又名美味牛肝菌、大脚菇(四川)、白牛肝菌(云南)、粗腿蘑(东北)、黄荞巴、大脚杏菇(福建)。属提子菌纲伞菌目牛肝菌科牛肝菌属。主要品种有黄牛肝菌、铜色牛肝菌、褐绒盖牛肝菌、黄皮牛肝菌、琥珀牛肝菌等。

牛肝菌体态大,柄粗壮,肉质肥厚,味道鲜美,是世界较为著名的食用菌之一,深受美食家的赞赏和偏爱。牛肝菌营养丰富,中国医学科学院卫生研究所(1993)食物成分表中,来自四川的5种牛肝菌营养成分如表4-2。

表4-2　5种牛肝菌营养成分(100克可食部分)

品名	蛋白质(克)	脂肪(克)	碳水化合物(克)	热量(焦耳)	灰分(克)	钙(毫克)	磷(毫克)	铁(毫克)	维生素B(毫克)
黄牛肝菌	20.2	—	64.2	1415.1	4.0	—	500	50.0	3.68
铜色牛肝菌	20.7	—	49.9	1222.5	6.2	23	520	—	4.22
褐绒盖牛肝菌	18.3	—	54.7	1222.5	5.9	11	300	—	3.09
黄皮牛肝菌	24	—	48.3	1172.3	5.3	37	400	31.0	4.77
琥珀牛肝菌	16.2	—	61.2	1297.7	6.8	23	500		3.76

牛肝菌是典型的高蛋白，低脂肪菇类，上述5个品种几乎无脂肪。蛋白质中含有18种氨基酸，其中有8种是人体必需氨基酸。

牛肝菌具有降脂减肥、开胃助食、平肝畅肠、清除肠道垃圾、抑制病毒及防癌等功能。长期食用能降低血清胆固醇和血脂指数，对人体健康十分有益。

美味牛肝菌是珍稀山珍，近年来风行世界的法国大菜中，就有美味牛肝菌一族。德国人对牛肝菌情有独钟。

牛肝菌属于外生菌根菌，是一种分布广泛的世界性著名野生菌。牛肝菌主要分布于俄罗斯、罗马尼亚、南斯拉夫、意大利、法国、瑞士、德国、土耳其、中国、日本、朝鲜等国。在我国主要分布于云南、四川、贵州、西藏、甘肃、陕西、湖南、湖北、河南、河北、辽宁、吉林、黑龙江、广西、广东、福建以及台湾等省(自治区)。

我国美味牛肝菌的资源十分丰富，据张光亚(2000)报道，云南省的80多个县、市均有美味牛肝菌资源。在日本、韩国及欧洲市场出售的意大利美味牛肝菌，实际大多数是云南产品改头换面的。目前，湖南、福建、云南、吉林等科研部门正积极投入美味牛肝菌的菌根合成研究，人工栽培奥秘将会被揭开，发展前景看好。

(二)形态特征

由于品种不同，形态有很大差别，这里介绍常见的几种牛肝菌及其形态特征。

1. 美味牛肝菌

又名大脚菇。子实体盖宽4~15厘米，半球形、凸镜形至平展形，表面光滑，无绒毛，湿时稍黏；边缘幼时内卷后伸展整齐；颜色黄褐色、肉桂色、褐带红色至茶褐色，伤处不变色，味道微甜，稍有香味。菌管直生至柄周凹陷处，管长0~10厘米，管口小，圆形，白色至浅黄色，老时可呈青黄色。菌柄中生，长5~12厘米，近柄顶粗2~3厘米，近圆柱形；基部膨大，粗壮，肉质，实心，内部白色。孢子长椭圆形至麦粒形，光滑，浅黄色至淡黄绿色，非淀粉质至弱糊精质。(图4-2)

2. 铜色牛肝菌

又名牛肚菌。子实体中等至较大,菌盖半球至扁球形,直径3~12厘米,灰褐色至深栗褐色或煤烟色,具有微细绒毛或光滑、不黏。菌肉白色,较厚,受伤处有时呈红色、浅黄色。菌柄圆柱形,有时中或下部膨大,长4~9厘米,粗1.5~5厘米,近似菌盖色或上部色浅,表面有深褐色粗糙网纹,内实心。孢子光滑,长椭圆形或近菱形。(图4-3)

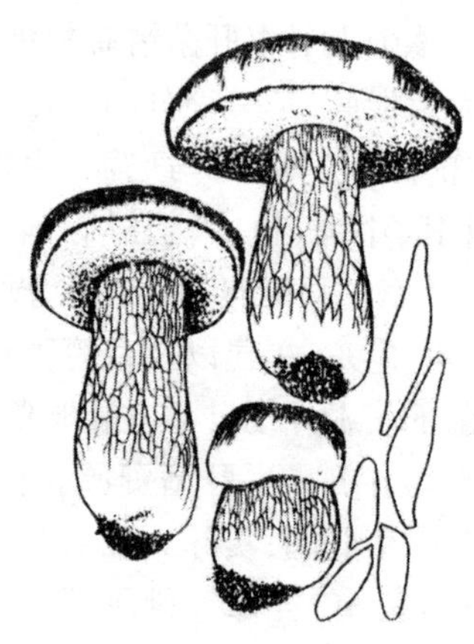

图4-2 美味牛肝菌

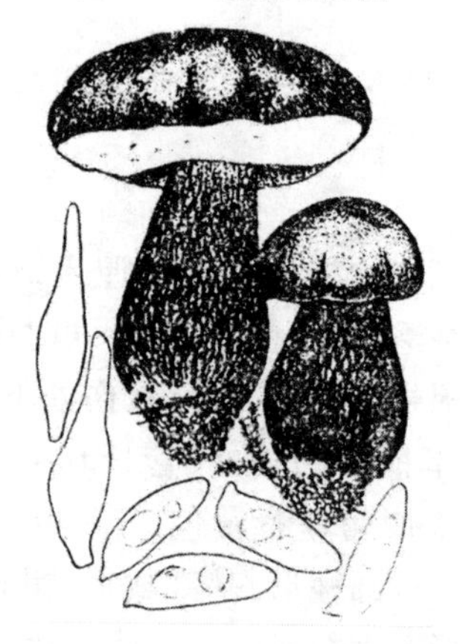

图4-3 铜色牛肝菌

3. 黏盖牛肝菌

菌盖半球形,后平展,直径3~10厘米,边缘薄,初内卷,后波状,土黄色,淡黄褐色,干后呈肉桂色,表面光滑,湿时很黏,菌肉浅黄色。柄长2.5~7厘米,粗0.5~1.2厘米,近圆柱形,有时基部稍细,光滑,无腺点,上部比盖色浅,下部呈黄褐色。孢子印黄褐色。

4. 紫褐牛肝菌

又名紫牛肝菌。子实体中等或较大。菌盖半球形,后渐展,直径4~15厘米,紫色、蓝紫色或淡紫褐色,光滑或被短绒毛,有时凸起。菌肉白色,伤处不变色。柄长4.5~8厘米,粗1~3.5厘米,上下略等或基部膨大,初期白色,后变浅黄色。孢子带浅褐色。

(三)生态习性

1. 发生季节

子实体发生的季节,一般在6—10月份,温暖地区发生得早一些,温凉、高寒地区发生迟一些。在福建福安大多发生在6—7月,又以6月中旬至7月上旬为发生高峰期,这期间历年平均气温达25℃以上,降雨量400毫米左右,林间空气相对湿度80%以上。在四川剑门多发生在夏末秋初,空气相对湿度在80%~90%,这期间出菇率最高,生长也快,一昼夜菌蕾即形成,从菇蕾至子实体成熟,一般只需48小时,最长不超过60小时。

2. 寄生菌根

牛肝菌多发生在以栎类为主的针栎混交林地上,或以针叶林为主的地上,子实体多为散生,少数为群生。常与多种栎树(麻栎、栓皮栎、青冈栎等)、松树(云南松、高山松、落叶松)及云杉、冷杉等树木的营养根形成外生菌根,是一种非专一性的外生菌根菌。

3. 生态环境

牛肝菌发生地的遮阴度大多为七阴三阳或半阴半阳的林地。植被茂密,荫蔽度大或植被稀少,日照过长的,则子实体发生少。

发生地的海拔高度一般在500～2200米，尤以山脚、山腰、山顶的缓坡地、阴坡地发生多。土壤腐殖质层厚3～8厘米的林地中发生最多，腐殖质层过厚或陡坡地，则少有发生。

4. 植被类型

在云南康照乡，牛肝菌多发生在针阔混交林中，其植被上层为树龄在20～30年的云南松，树高8～12米；中层为麻栎、黄背栎，树高1～2米；下层有短刺栎、云南松幼树和酸杨梅，地面杂草稀少，盖有少量松针。在湖北神农架牛肝菌发生地的植被，上层为栓皮栎纯林，树龄40～100年，树高4～12米，无下层林；草本层较稀疏，主要由禾本科、豆科和茜草科植物组成；地被层为苔藓植物，地被覆盖率20%～45%。

5. 土壤条件

牛肝菌在云南发生地的土壤为较瘠薄的酸性红壤或红沙壤；在湖北神农架发生地的土壤为山地黄褐土，偏酸性，属沙壤土，通透性好，表层由风化后的碎石粒构成；在福建福安发生地的土壤，以有机质丰富的黄棕壤或酸性的红壤、红沙壤发生量较多，生长也较好。

（四）生活条件

1. 营养

野生牛肝菌与栎树、松树共生。在试验条件下，菌丝体生长所需的碳源物质，以葡聚糖、淀粉、果胶效果最好。氮源物质以天门冬酰胺、谷氨酰胺最好，天门冬氨酸、谷氨酸、丙氨酸、甘氨酸、丝氨酸次之，不能利用苯丙氨酸、蛋氨酸、脯氨酸和色氨酸。子实体的形成以果胶和乙醇为最佳碳源，以丝氨酸为最有效的氮源。硫酸镁和磷酸钾是可利用的矿物质元素的来源。

2. 温度

菌丝体生长阶段的温度为18℃～30℃，适温24℃～28℃。子实体形成温度16℃～24℃，昼夜温差大，有利于子实体形成。土层的温度高于28℃时对子实体发育不利，低于12℃则不易形成子实体。

3. 湿度

菌丝体生长阶段，土壤湿度以60%左右为宜，降雨集中或时间过长，土壤含水量过大，则不利于菌丝体的生长，时干时湿对菌丝体生长最为有利。子实体生长阶段，要求有较多的降水量和较大的湿度，空气相对湿度以80%～90%较好，时雨时晴或白天晴、夜间雨最有利于子实体的形成。各产地子实体发生盛期，大多是一年降雨量较集中的6—8月份。

4. 光照

菌丝体生长阶段不需要光照。原基分化和子实体发育，需要一定散射光的刺激，但在阳光直射处很少见到子实体，所以牛肝菌一般多发生在荫蔽度在70%的林地内。

5. 酸碱度

子实体生长较好的土壤pH 5.6～6.5。菌丝生长pH 4.8～6.5，以pH 5.6～6最适。

（五）菌种制作

1. 母种制作

（1）培养基配方　母种培养基配方有以下几种。

①鲜松针100克（水煮过滤），麦芽汁100毫升，磷酸二氢钾0.2%，硫酸镁0.15%，葡萄糖2%，维生素$B_1$10毫克，琼脂2%，水900毫升，pH 5～5.5（张林，1992）。

②蛋白胨2克，磷酸二氢钾1克，硫酸镁0.5克，葡萄糖20克，琼脂20克，水1000毫升（李崇安，1994）。

③马铃薯200克，葡萄糖20克，蛋白胨1克，磷酸二氢钾1.5克，硫酸镁1克，维生素$B_1$10毫克，琼脂20克（王文耀等，2008）。

以上任选一方，按常规配制斜面培养基备用。

（2）母种分离方法　牛肝菌纯种分离常采用组织分离法，选择野生未成熟的子实体为分离材料，采后1～2小时进行分离。分离时，从子实体取一小块组织，接在培养基上，在24℃条件下培养。

（3）接种培养　接种后，在20℃～25℃恒温下培养7天后，菌丝逐渐变得浓密，呈白色，绒毛状，15天长满试管斜面提纯培育可得母种。

2. 原种和栽培种制作

牛肝菌原种和栽培种适用天然有机物培养基。其配方为阔叶树木屑78%,麦麸20%,蔗糖1%,石膏粉1%,另加维生素$B_1$0.01%,料水比1∶1.2,pH调至6。

培养基配制与其他菌类对比,要求较为严格,操作过程中应注意以下几点。

(1)场地选择　以水泥地和木板坪为好。泥土地因含有土沙,加水后泥土溶化会混入料中,不宜采用。选好场地后进行清洗,并清理四周环境,防止污染。

(2)过筛除杂　先把木屑、麦麸等主要原料、辅料,分别用2~3目的竹筛或铁丝网过筛,剔除小木片、小枝条及其他有棱角的硬物,以防装料时刺破塑料袋。

(3)区别混合　先将木屑、麦麸、石膏粉搅拌均匀,棉籽壳提前12小时加水预湿;然后把可溶性的添加物,如蔗糖等溶于水,再加入料中混合。

(4)加水搅拌　采用自动搅拌机时,将料混合集堆,拌料机开堆,搅拌,反复运行,使料均匀。手工搅拌必须采取集堆,开堆,反复搅拌3~4次,使水分被原料均匀吸收。如果选用棉籽壳配方,应提前一天加水,使水分渗透到棉籽壳中。然后过筛打散结团,过筛时应边洒水,边整堆,防止水分蒸发。

(5)避免酸变　常因拌料时间延长,培养料发生酸变,接种后菌袋成品率不高。因此,当干物质加水后,从搅拌至装袋开始,其时间不超过2小时为妥。这就要分秒必争,当天拌料,及时装袋灭菌,避免基质酸变。

(6)控制污染　培养料灭菌后,冷却至常温,按无菌操作接入母种或原种,按常规培养,菌丝长满瓶(袋),即为原种或栽培种。

(六)驯化栽培方法

1. 培养料配方

李崇安(1994)报道,牛肝菌在半腐叶39%,杂木屑39%,米糠20%，糖1%，石膏1%，pH 5.5～6；或半腐叶39%，玉米粉39%，米糠20%，白糖1%，石膏1%，pH 5.5～6的培养基质上，菌丝生长较好，浓密粗壮，袋壁上有大量黄褐色成片菌核出现。国外学者试验研究，要使牛肝菌菌丝体形成子实体，必须添加特殊的诱导物——环腺苷酸和茶碱。菌丝体培养和子实体形成的培养基见表4－3。

表4－3　诱导牛肝菌形成子实体的合成培养基

成分	菌丝体生长	子实体形成
碳源	果胶或淀粉2%	果胶或乙醇2%
氮源	天门冬氨酸0.15%，谷氨酸0.15%	丝氨酸0.1%
矿物盐	硫酸镁0.05%，磷酸钾0.05%	硫酸镁0.015%，磷酸钾0.015%
维生素		维生素$B_1$10毫克/100毫升
子实体形成诱导物		环腺苷酸10^{-5}M(摩/毫升) 茶碱10^{-5}M(摩/毫升)

以上培养基，在pH 5～6、温度5℃～20℃的摇瓶培养条件下，经90天，首次人工培养出牛肝菌的子实体。也可采用接种培养。

2. 接种要求

牛肝菌接种要求是无菌操作，确保接种后成品率高，具体操作要求如下。

(1)环境净化　采用接种室或接种箱、接种帐接种，事先应消毒，采用气雾消毒剂，每立方米5～8克，点燃产生气体消毒。

(2)菌种预处理　先拔掉菌种瓶口棉塞，用塑料袋包裹瓶或袋口，然后搬进接种室内，再用接种铲伸入菌种瓶袋内，把表层老化菌膜挖出。如出现白色扭结团的基质也要挖出，并用棉球蘸酒精，擦净瓶内壁四周，然后搬进接种室内。若是扎袋头的菌种，开袋口同样方法处理好菌种后，把袋口扭拧后搬进接种箱内接种。

(3)无菌操作接种　无菌操作技术规程，主要掌握以下五个方面。

①选择时间:选择晴天午夜间或清晨接种,此时气温低,杂菌处于休眠状态,有利于提高菌袋接种的成品率。雨天空气湿度大,容易感染霉菌,不宜进行接种。

②接种物入室:塑料袋搬入无菌室或接种帐内后,连同菌种、接种工具、酒精灯一起,进行第二次消毒。先用气雾剂熏30分钟以上,接种前40~60分钟,再用紫外线灯照射30分钟,达到无菌条件。工作人员穿戴工作服、帽和口罩及拖鞋。农家接种人员,要求洗净头发并晾干,更换干净衣服,方可入室。接种前双手用75%酒精擦洗或戴乳胶手套。

③接种敏捷:打开袋料扎绳,或拔出棉塞。把菌种接入袋内,重新扎好袋口或塞好棉塞。若是瓶栽的把覆盖薄膜揭开,接种后复原。由于接种时培养料暴露于空间,如果室内消毒不彻底,残留的杂菌孢子容易趁机而入;同时,接种时间延长,空间湿度相对升高,也容易引起感染。另一方面接种器具为金属制品,久用易灼热,菌种通过酒精灯火焰区时,如果动作缓慢,则容易烫伤菌种。因此,接种动作要快。

④更新空气:每一批料袋接种完毕,必须打开门窗通风换气30~40分钟,然后关门窗,重新进行消毒,继续接种。接种后如果不通风,由于受酒精灯和人体温的影响,加上接种时打开穴口,使料内水分蒸发,形成高温、高湿环境,容易使杂菌积累,势必造成杂菌污染。

⑤清理残留物:在接种过程中,菌种瓶的覆盖膜废弃物,尤其是工作台及室内场地上的木屑等必须集中在一角,不要乱扔。待每批料袋接种结束后,结合通风换气,进行一次清除,以保持场地清洁,杜绝杂菌污染。

3. 出菇管理

主要是催菇,采用干湿交替、温差刺激、光线调节等技术处理。催菇与不催菇其出菇情况大不一样,详情见表4-4。

表 4-4　牛肝菌催菇处理与未催菇处理的出菇情况对照

项目		催菇				未催菇	
		处理 1	处理 2	处理 3	处理 4	处理 1	处理 2
第一潮菇	采收朵数(朵)	21.00	15.00	11.00	6.00	0	0
	重量(克)	304.50	170.00	134.50	50.50	0	0
	单菇重(克)	14.50	11.30	12.23	8.42	0	0
第二潮菇	采收朵数(朵)	26.00	28.00	12.00	11.00	3.00	8.00
	重量(克)	369.20	302.40	140.40	89.10	41.40	98.40
	单菇重(克)	14.50	10.80	11.70	8.10	13.80	12.30
合计	采收朵数(朵)	47.00	43.00	33.00	17.00	3.00	8.00
	重量(克)	673.70	472.40	274.90	139.60	41.40	98.40
	平均单菇重(克)	14.33	10.99	8.33	8.21	13.80	12.30
	单产(克/米^2)	269.48	188.96	109.96	55.84	16.56	39.36

4. 采收与加工

(1)适时采收　牛肝菌的子实体长至七八成熟时,就要及时采收,否则菌管与菌肉之间,以及菌柄内部极易受线虫等危害,影响产品质量。采回的子实体用不锈钢刀削除菌柄基部带泥沙、杂质及虫道部分。如属野外采集,混入的同属不同种或不同属的牛肝菌要分开,以保证加工产品的纯度。

然后按开伞程度进行分类,分别处理。通常分为菇蕾、幼菇、半开伞菇和开伞菇。菇蕾、幼菇用来加工成盐渍菇,半开伞菇和开伞菇切片加工成脱水干品。

(2)加工方法

①盐渍加工:加工成盐渍菇的原料是菇蕾和幼菇。未开伞的菇蕾或出土高 5 ~ 7 厘米、菌盖边缘未离开菌柄的幼菇,组织致密,适宜加工成盐渍菇,经济效益高。具体加工方法如下。

A. 分级杀青　按照菇体大小分别杀青,也可以在杀青前先用0.02%～0.03%亚硫酸氢钠溶液漂洗10分钟护色。杀青时间视菇体大小而定,菇体大的每次3～4分钟,小的每次2.5～3分钟,以菇体透心为度。杀青的水中可加入3%～4%的食盐。

B. 清水冷却　将杀青后的菇体,迅速送入冷开水里冷却至10℃以下,再移至筛或漏盘上,摊开冷却至透心后,方可进行腌制。

C. 加盐腌渍　在塑料桶底放一层1～2厘米厚的盐,将冷却的菇铺在盐上,铺放5厘米厚时,再均匀撒一层1～2厘米厚的盐。如此一层盐一层菇,直至铺到桶肩为止,最后在上部撒厚厚一层盐。盐菇比为1:1。

②脱水干制:牛肝菌的干制品是我国传统的出口畅销土特产,主销欧美各国市场。供加工成干品的原料,多为半开伞菇和开伞菇。半开伞菇是指菌盖边缘展开离菌柄2～3厘米,菇形差,易断碎,若保藏得好,白色部分也不易褐变。干品加工方法如下。

A. 菇体切片　用不锈钢刀把菇体切片,尽量使菌柄与菌盖相连在一起,纵切盖柄相连的厚度在1.4～1.6厘米。菇盖3～4厘米的一刀两片,4～6厘米的两刀三片,6～8厘米的三刀四片。

B. 脱水干制　干制分晒干或烘干两种。按菇片的大小、厚薄、干湿程度分别摆放在晒帘或烘筛上。机械脱水的温度,以40℃起烘,50℃～60℃烘干。晒干的,以一次晒干为佳,晒至半干时,翻动和并筛,如一天晒不干的,应及时收回摊放室内,翌日再晒至干。

(3)分级包装　干品按外观特征分为四个等级。一级品菌片白色,菌盖与菌柄相连,无破碎、无霉变和无虫蛀。二级品菌片浅黄色,其他规格与一级品同。三级品,菌片黄色至褐色,其他规格与一级品同。四级品,菌片色泽深黄色至深褐色,允许部分菌盖与菌柄分离,有破碎,无霉变和无虫蛀。

干品按等级用塑料袋分装,热合封口,再装入纸箱内,每箱装5～10千克,箱内要放防潮纸及干燥剂,及时外销。

四、牛舌菌

(一)简介

牛舌菌别名牛排菌、肝色牛排菌、猪舌菌(云南)、肝脏茸和鲜血茸(日本)等。分类地位:隶属担子菌亚门非褶菌目牛舌科牛舌菌属。

牛舌菌是一种珍稀的食药兼用真菌,因其子实体如牛舌和动物的肝脏,以及新鲜时色如鲜血而得名。牛舌菌肉质细嫩,滑腻松软,带有可口的香甜味及舒适的胶质感。牛舌菌含有17种氨基酸,其中人体必需氨基酸4种,并含有一种稀有氨基酸——丁氨酸。子实体的热水浸提液,对小白鼠肉瘤S-180的抑制率为95%。菌丝体发酵液中含有一种抗真菌的抗生素叫牛舌菌素,具有较高的药用价值。

牛舌菌是寒温带至亚热带地区的一种经济真菌,在中国、日本、印度以及欧洲、北美的一些国家都有分布。在我国主要分布于云南、四川、广西、河南、福建、浙江等省(自治区)。

野生牛舌菌多发生在山毛榉科(壳斗科)的栲属如刺栲、米槠等上,大戟科石栗属和番荔科等阔叶树的枯干、枯枝、树桩和树洞等部位,是一种木腐菌。喜潮湿黑暗的生态环境,在云南的热带、亚热带雨林中,每年7—10月份,当气温上升到24℃以上,空气湿度较大时(如连续降雨2~3天后),即可见到有牛舌菌子实体的发生。

(二)形态特征

牛舌菌子实体多为单生,极少群生。菌盖肉质,松软,甚韧,半圆形、匙形或舌形,盖直径5~10厘米;表面鲜红色,老时暗褐色;从基部至盖缘具有放射状深红色条纹,微黏而粗糙;菌肉厚1~3厘米,软而多汁,浅红色。多数无柄,从树干洞穴长出的则有明显的柄,长2~3厘米。子实层生于菌管内,菌管浅红色,长1~2厘米,管口直径0.5~1.5毫米,近白色,伤后呈污红色;菌管各自分离,无共同的管壁,紧密而高低不平地排列在菌肉之下。孢

子无色,球形至椭圆形,光滑,有歪尖,内含一油滴,(4~5)微米×(3~4)微米;孢子印浅红色。(图4-4)

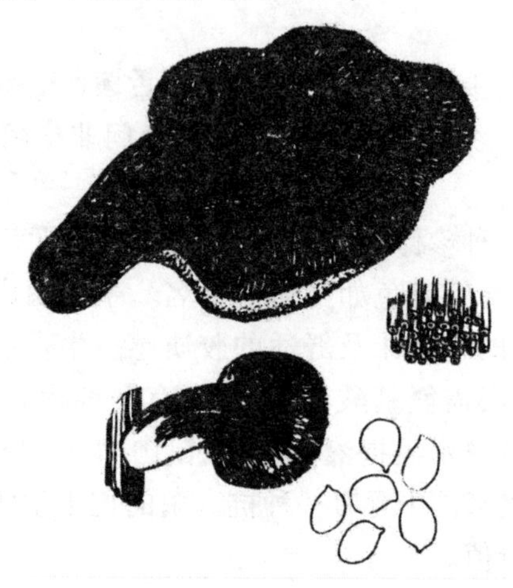

图4-4　牛舌菌

(三)生长条件

1. 营养

牛舌菌多生于壳斗科的树木上,菌丝能分解单宁,并利用其释放出来的糖。人工栽培可以选用壳斗科木屑较好,此外棉籽壳,辅以麦麸、玉米粉、蔗糖等,亦可满足其营养生长对碳、氮的需求。

2. 温度

菌丝在9℃~30℃均可生长,以25℃~27℃最为适宜;子实体发生温度为18℃~24℃,以20℃~23℃最适。子实体分化无须低温或变温刺激。

3. 水分

在自然界中子实体多在雨后空气湿度较大时大量发生。菌丝生长在含水量38%~95%的木材上均适应。

4. 空气

菌丝体和子实体生长发育都需要较充足的新鲜空气。通风不良，二氧化碳浓度过大，会导致子实体畸形。

5. 光线

菌丝应在黑暗条件下培养，如果暴露于明亮光线下，气生菌丝会枯萎、倒伏。子实体的形成需要散射光，光照充足时，菌盖才会出现美丽的鲜红色，光照度一般800勒克斯以上较适。

6. 酸碱度

本品能耐受较低酸度，菌丝体生长的pH为4.4～6.4。

（四）菌种制作

1. 母种制作

（1）菌种来源　可以采集野生牛舌菌子实体，通过组织分离法获得，也可向科研部门引进母种转管扩接。

（2）培养基配方

①马铃薯（去皮）200克，葡萄糖20克，磷酸二氢钾3克，硫酸镁1.5克，维生素$B_1$10毫克，琼脂20克，水1000毫升，pH 5.8～6.2。

②马铃薯（去皮）200克，葡萄糖（或蔗糖）20克，玉米粉30克，黄豆粉10克，酵母膏2克，磷酸二氢钾1.5克，硫酸镁0.5克，琼脂20克，水1000毫升，pH自然。

配制按常规装管、灭菌。冷却，排成试管斜面。

（3）转管扩接　牛舌菌无论自己分离获得的母种，或是从其他制种单位引进的母种，均因数量有限，不能满足生产上的需求。因此，一般对分离获得的一代母种，都要进行扩大繁殖，即选择菌丝粗壮、生长旺盛、颜色纯正、无感染杂菌的牛舌菌试管母种，进行转管扩接，以增加母种数量。

每支母种可扩接30～40支子代母种。生产上供应的多为子代母种，它可以进行再次转管扩接，一般每支可扩接20～25支，但转管次数不应过多。因为菌种转管次数太多，菌种长期处于营养生理状态，繁衍受到抑制，势必导致菌丝生命力下降，营养生长期缩短，子实体变小，肉薄，朵小，影响产量和品质。因此母种转管扩接一般以3次为适，最多不得超过5次。

接种后，置26℃左右培养，8～12天菌丝长满斜面即为子代母种。菌丝初为白色或浅黄色，后转浅红色至朱红色，最后变为红褐色。

2. 原种和栽培种制作

（1）培养基配方　常用的培养配方为杂木屑75%，麸皮22%，蔗糖1.5%，石膏1.5%，含水量65%。

（2）培养基配制方法　按比例称取木屑或棉籽壳、麦麸、蔗糖、石膏粉。先把蔗糖溶于水，其余干料混合拌匀后，加入糖水反复拌匀。棉籽壳拌妥后，须整理成小堆，待水分渗透原料后，再与其他辅料混合搅拌均匀。检测含水量，一般掌握在60%～65%，灭菌前pH 6.5～7.5。

（3）装料　原种多采用750毫克广口玻璃瓶。栽培种可用聚丙烯塑料菌种袋。培养料要求下松上紧，松紧适中。装瓶后也可采取在培养基中间钻一个2厘米深、直径1厘米的洞，可提高灭菌效果，并有利于菌丝加快生长。装瓶后用清水洗净、擦干瓶外部，棉花塞塞口，再用牛皮纸包住瓶颈和棉塞。

（4）灭菌　木屑培养基灭菌以0.152兆帕压力，保持2小时。棉籽壳培养基的，高压灭菌时间应保持在2.5～3小时。棉籽壳含有棉酚，有碍牛舌菌菌丝生长，因此在高压灭菌时，可采取3次间歇式放气法排除有害物质产生的气体，确保菌种的成品率。

（5）接种培养　灭菌冷却至常温，按无菌操作规程接入母种，在25℃～27℃条件下培养，菌丝长满全瓶即为原种，再经扩接1次即为栽培种。

（五）栽培方法

牛舌菌栽培方式以熟料袋栽或瓶栽，室内外房棚出菇为适。具体方法如下。

1. 栽培季节

温度恒定在18℃～24℃、湿度较高的条件下有利于长菇。牛舌菌一般在满足其适宜生长的温度和湿度条件下，均可栽培。通常在早春接种，春末和初夏季节出菇。

2. 培养基配制

栽培原料为壳斗科栲树、米槠等木屑，辅以麸皮或米糠、玉米粉、蔗糖、碳酸钙。若用非壳斗科阔叶树的木屑，还应准备一些橡树单宁（栲胶）配合。常用配方有以下几种。

①杂木屑 80%，麦麸 15%，玉米粉 3%，蔗糖 1%，碳酸钙 1%，料水比1:（1.1～1.3），pH 5～5.6（以下同）。

②棉籽壳 40%，黄豆秸 20%，杂木屑 20%，麦麸 18%，蔗糖 1%，碳酸钙 1%。

栽培袋采用 17 厘米 ×34 厘米的聚丙烯袋，或广口玻璃罐头瓶（525 克）。配料→装袋（瓶）→灭菌，按常规操作。

3. 接种培养

灭菌后的培养袋或瓶，待冷却到 28℃以下时进行接种。袋栽的打开袋口或不开口在袋头侧面打一接种穴，接入菌种。瓶栽在瓶内料面打一接种穴，接入菌种。每瓶 750 克的菌种可接 30～40 袋（瓶）。接种后置于培养室内排架培养。室温控制在 24℃～25℃，不超过 28℃，不低于 15℃为宜。室内应避光，干燥，空气新鲜。

4. 开口诱基

菌袋或菌瓶经过 30～40 天培养，菌丝长满后可搬到菇房棚内上架，竖式排放。同时将袋口打开，薄膜拉直。瓶栽的将覆盖膜揭开，换上牛皮纸套筒，并喷水于空中和袋口或套筒纸上。这阶段要求空气相对湿度在 85%，温度保持在 20℃～22℃，保持空气新鲜，并给予散射光照射，以诱发原基出现。

5. 出菇管理

开口通风增氧后，培养基上涌现白色块状凸出的原基，并逐渐长成舌状子实体。子实体发育阶段，房棚内温度 23℃左右，空气相对湿度应提高到 90%～95%。加强通风换气，排除二氧化碳气体，并给 500～800 勒克斯光照，促进子实体正常生长。

6. 采收与加工

牛舌菌子实体菌盖平展后有大量孢子释放时就可采收。采收太早影响产量,采收太迟,菌管分离,色泽变成深褐色,影响产品质量。

采收后的牛舌菌,除就地鲜销外,还可干制后外销。干制方法同牛肝菌。

附　录

一、常规菌种制作技术

常规菌种生产有许多共同之处,如制种设施、接种操作、工具、无菌条件、分离方法等均基本相同。为避免在介绍每个品种时,都要详细讲制种问题,现将常规菌种的制备原则和要求分述如下,以便初学者参考和使用。

(一)菌种生产的程序

菌种生产的程序:一级种(母种)→二级种(原种)→三级种(栽培种)。各级菌种的生产要紧密衔接,以确保各级菌种的健壮。不论哪级菌种,其生产过程都包括:原料准备→培养基配制→分装和灭菌→冷却和接种→培养和检验→成品菌种。

(二)菌种生产的准备

1. 原料准备

(1)生产母种的主要原料　马铃薯、琼脂(又称洋菜)、葡萄糖、蔗糖、麦麸、玉米粉、磷酸二氢钾、硫酸镁、蛋白胨、酵母粉、维生素 B_1 等。

(2)生产原种和栽培种的主要原料　麦粒、谷粒、玉米粒、棉籽壳、玉米芯(粉碎)、稻草、大豆秸、麦麸或米糠、过磷酸钙、石膏、石灰等。

2. 消毒药物准备

(1)乙醇(即酒精)　用75%的酒精对物体表面(包括菇体、手指等)进行擦拭,消毒效果很好。

(2)新洁尔灭　配成0.25%的溶液,用棉球蘸取后擦拭物体表面消毒。

(3)苯酚(又称石炭酸) 用5%的苯酚溶液喷雾接种室、冷却室进行空气消毒。

(4)煤酚皂液(俗称来苏水) 用1%～2%的浓度喷雾接种室、培养室和浸泡操作工具及对空气和物体表面消毒。

(5)漂白粉 用饱和溶液喷洒培养室、菇房(棚)等,可杀灭空气中的多种杂菌。

(6)甲醛和高锰酸钾 按10∶7(体积)的比例混合熏蒸接种室、培养室等,可起到很好的杀菌消毒作用。

(7)过氧乙酸 将过氧乙酸Ⅰ和过氧乙酸Ⅱ按1∶1.5比例混合,置于广口瓶等容器内,加热促进挥发,对空气和物体表面能起到消毒作用。

3. 设施准备

(1)培养基配制设备

①称量仪器:架盘天平或台式扭力天平,50毫升、100毫升、1000毫升规格量杯、量筒及200毫升、500毫升、1000毫升等规格的三角烧瓶、烧杯。

②小刀、铝锅、玻棒、电炉或煤气炉灶、试管、漏斗、分装架、棉花、线绳、牛皮纸或防潮纸、灭菌锅(用于母种生产的灭菌锅常为手提式高压蒸汽灭菌器或立式高压蒸汽灭菌器)。

③用于原种和栽培生产的设备需要台秤、磅秤、水桶、搅拌设备、铁锹、钉耙等。

(2)灭菌设备

①高压蒸汽灭菌:高压蒸汽灭菌器是一个可以密闭的容器,由于蒸汽不能逸出,水的沸点随压力增加而提高,因而加强了蒸汽的穿透力,可以在较短的时间内达到灭菌的目的。一般在0.137兆帕压力下,维持30分钟,培养基中的微生物,包括有芽孢的细菌都可被杀灭。灭菌压力和维持时间因灭菌物体的容积和介质不同而有区别。

常用高压灭菌器有手提式高压灭菌锅和立式高压灭菌锅及卧式高压灭菌锅(图1)。手提式高压灭菌锅结构简单,使用方便,缺点是容量较小,无法满足规模化生产原种及栽培种的需要。卧式、立式高压灭菌锅容量大,除具有压力表、安全阀、放气阀等部件外,还有进水管、出水管、加热装置等。可用作原种和栽培种的批量生产。

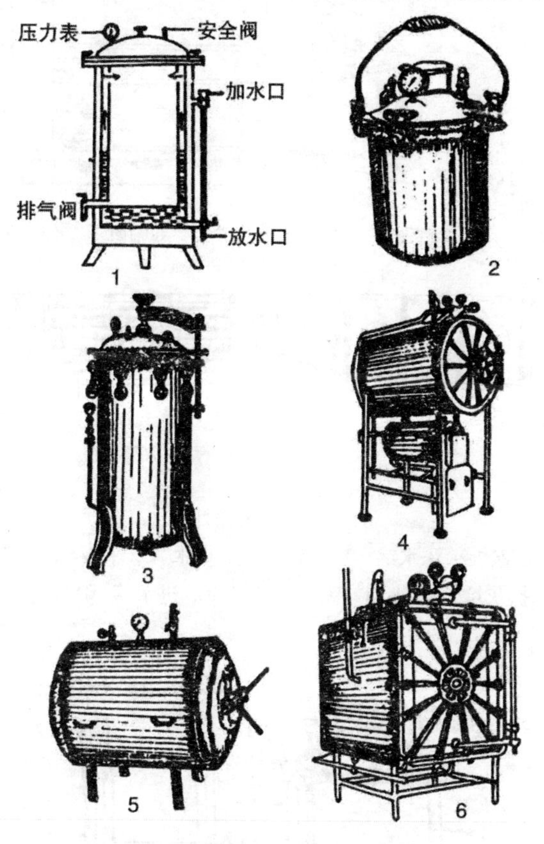

图1　蒸汽高压灭菌锅类型

1、2. 手提式　3. 直立式　4、5. 卧式圆形
6. 卧式方形(消毒柜)

②常压蒸汽灭菌:常压蒸汽灭菌又称流通蒸汽灭菌,主要由灭菌灶与灭菌锅组成(图2)。少量生产,也可用柴油桶改制灭菌灶。由于灭菌设备的密闭性和灭菌物品介质的不同,灭菌温度通常在95℃ ~

105℃。采用常压蒸汽灭菌,当灭菌锅内温度上升到100℃开始计时,维持6~10小时,停火后,再用灶内余火焖一夜。

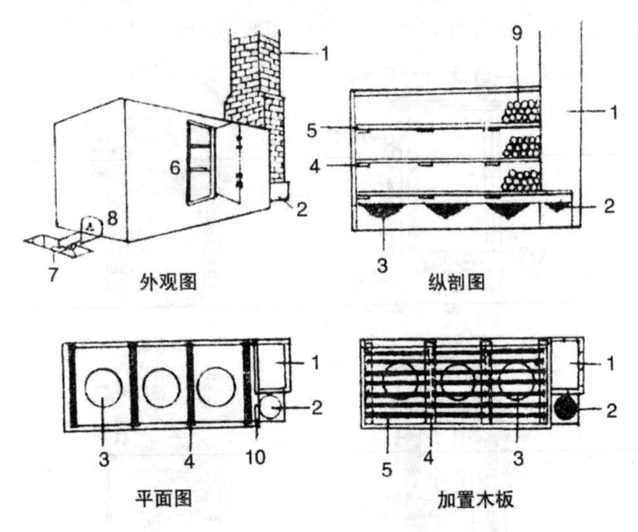

A. 大型灭菌灶

1. 烟囱 2. 添水锅 3. 大铁锅 4. 横木 5. 平板 6. 进料门 7. 扒灰坑 8. 火门 9. 培养料 10. 进水管(引自姚淑先)

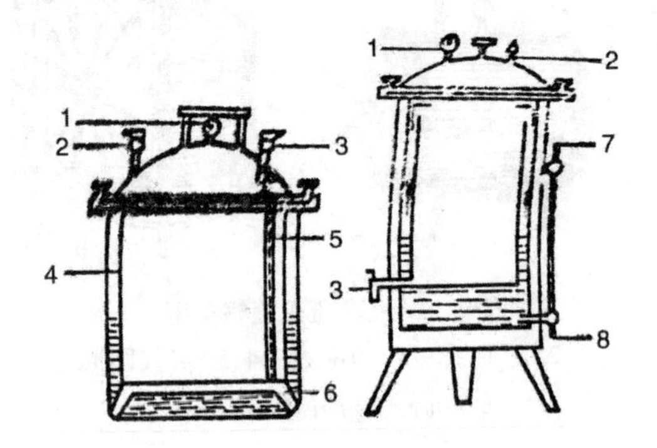

B. 立式高压蒸汽灭菌锅

1. 压力表 2. 安全阀 3. 排气阀 4. 杀菌锅 5. 排气软管 6. 底架 7. 加水口 8. 放水口

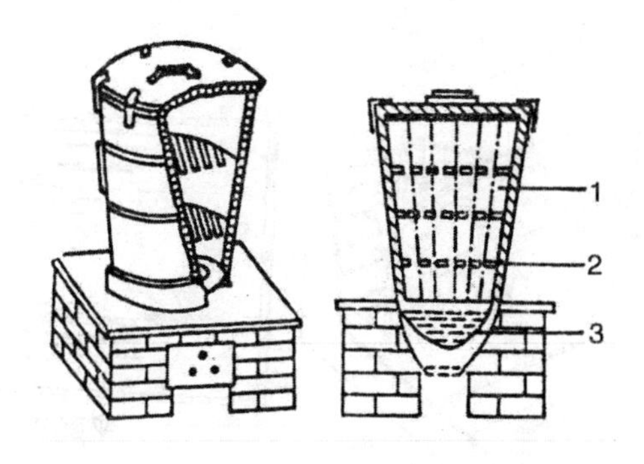

C. 圆形木桶蒸汽灭菌锅

1. 木桶 2. 蒸架 3. 铁锅

图2 几种灭菌锅

(3)接种设备

①接种室:应设在灭菌室和培养室之间,培养基灭菌后就可很快转移进接种室,接种后即可移入培养室进行培养,以避免长距离的搬运浪费人力并招致污染。接种室的设备应力求简单,以减少灭菌时的死角。接种室与缓冲室之间装拉门,拉门不宜对开,以减少空气的流动。在接种室中部设一工作台,在工作台上方和缓冲室上方,各装一支30~40瓦的紫外线杀菌灯和40瓦日光灯,灯管与台面相距80厘米,勿超过1米,以加强灭菌效果。接种时,要关闭紫外线灯,以免伤害工作人员。(图3)

接种室要保持清洁。使用前要先用紫外线灯消毒15~30分钟,或用5%的石炭酸、3%煤酚皂液喷雾后再开灯灭菌。空气消毒后经过30分钟,送入准备接种的培养基及所需物品,再开紫外线灯灭菌30分钟,或用甲醛熏蒸消毒后,密闭2小时。

接种时要严格遵守无菌操作规程,防止操作过程中杂菌侵入,操作完毕后,供分离用的组织块、培养基碎屑以及其他物品应全部带出室外处理,以保持接种室的清洁。

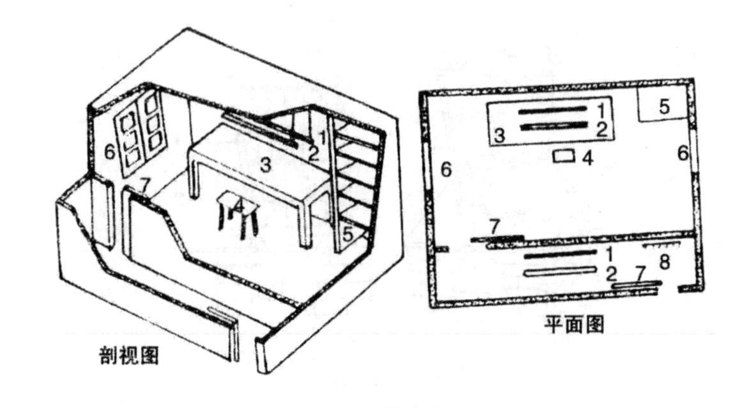

图3　接种室

1. 紫外灯　2. 日光灯　3. 工作台　4. 凳子

5. 瓶架　6. 窗　7. 拉门　8. 衣帽钩

（引自《自修食用菌学》）

②接种箱:接种箱是一种特制的、可以密闭的小箱,又叫无菌箱,用木材及玻璃制成,接种箱根据需要设计成双人接种箱和单人接种箱。双人接种箱的前后两面各装有一扇能启闭的玻璃窗,玻璃窗下方的箱体上开有两个操作孔。操作孔口装有袖套,双手通过袖套伸入箱内操作。操作完毕后要放入箱内,操作孔上还应装上两扇可移动的小门。箱顶部装有日光灯及紫外线灯,接种时,酒精灯燃烧散发的热量会使箱内温度升高到40℃以上,使培养基移动或溶化,并影响菌种的生活力,因此,为便于散发热量,在顶板或两侧应留有两排气孔,孔径小于8厘米,并覆盖8层纱布过滤空气。双人接种箱容积以放入750毫升菌种瓶100~150瓶为宜,过大操作不便,过小显得不经济。(图4)

接种箱的消毒可用40%的甲醛溶液8毫升倒入烧杯中,加入高锰酸钾5克(1立方米容积用量),熏蒸45分钟,在使用前紫外线灯照射30分钟。如只是少量的接种,则可在使用前喷一次5%碳酸溶液,并同时用紫外线灯照射20分钟即可。

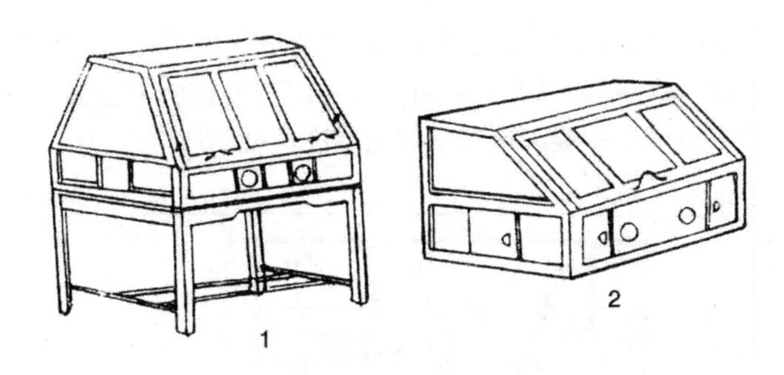

图4　接种箱

1. 双人接种箱　2. 单人接种箱

（引自《自修食用菌学》）

③超净工作台：分单人和双人用两类。单人超净工作台操作台面较小。一般为(80～100)厘米×(60～70)厘米，双人超净工作台操作台面较大，可两人同时一面或对面操作。使用前打开开关，净化空气10～20分钟后即可接种。（图5）

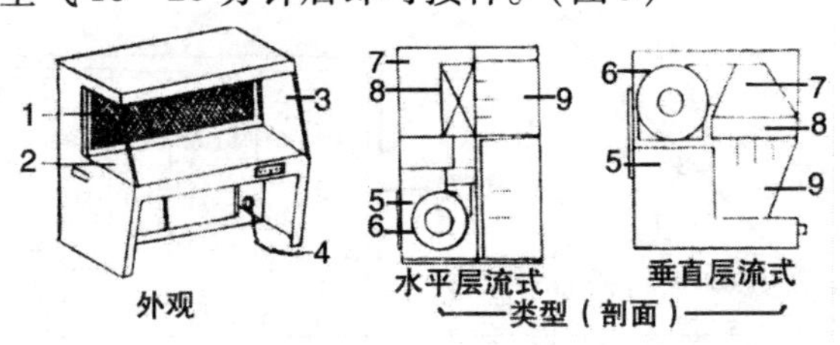

图5　超净台

1. 高效过滤器　2. 工作台面　3. 侧玻璃　4. 电源

5. 预过滤器　6. 风机　7. 静压箱　8. 高效空气过滤器

9. 操作区

④接种工具：接种刀、接种铲、接种耙、接种针、接种镊等。

4. 培养室

培养室是进行菌种恒温培养的地方，因为温度关系到菌丝生长的速度、菌丝对培养基分解能力的强弱、菌丝分泌酶的活性高低及菌丝生长的强壮程度。对它的基本要求是大小适中，密闭性能好,地面及四周墙面光滑平整,便于清洗。为了使室内保持一定的温度,在冬季和夏季要采用升温和降温的措施来控制。室内同时挂上温度计和湿度计来掌握温湿度。(图6)

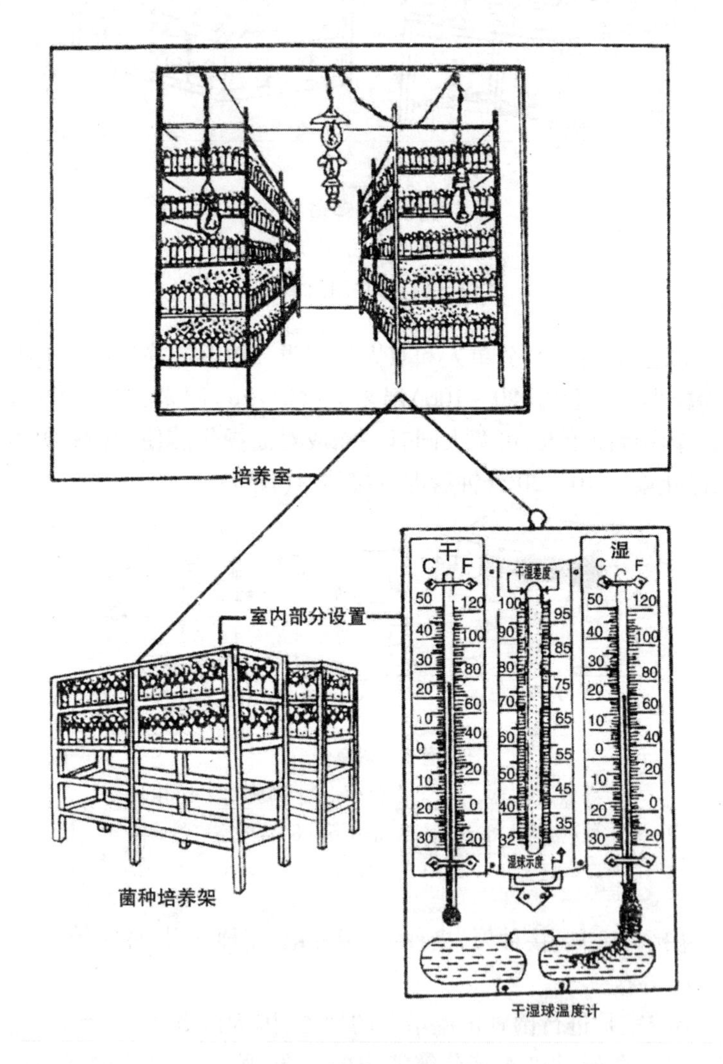

图6　培养室及其室内设置

(引自潘崇环)

升温一般采用木炭升温、电炉升温、蒸汽管升温等办法。在升温过程中,为了保持培养室的清洁卫生,避免燃烧产生的二氧化碳、一氧化碳等有害气体对菌种的影响,加温炉最好不要直接放在室内。

降温目前常用空调降温、冰砖降温、喷水降温等措施。在喷水降温时,应加大通风,以免培养室过湿而滋生杂菌。

培养室内可设几个用来存放菌种瓶的床架,一般设3~5层,每层的高度设计要便于操作。在菌种排列密集的培养室内,可设合适的窗口,以利空气对流。当培养室内外湿度大时,可在室内定期撒上石灰粉吸潮,以免滋生杂菌。菌丝培养阶段均不需要光线或是只需微弱散射光,在避光条件下培养对菌丝生长最为有利。

(三)母种的制作

1. 斜面培养基的制备

(1)培养基配方

①PDA培养基:马铃薯(去皮)200克,葡萄糖20克,琼脂10~20克,水1000毫升pH 6.2~6.5。

②PDA综合培养基:马铃薯(去皮)200克,葡萄糖20克,磷酸二氢钾2克,硫酸镁0.5克,琼脂10~20克,水1000毫升,pH 6.2~6.5。

③PKYA综合培养基:马铃薯(去皮)200克,葡萄糖20克,酵母粉2克,磷酸二氢钾2克,硫酸镁0.5克,琼脂10~20克,水1000毫升,pH 6.2~6.5。

④PYA综合培养基:马铃薯(去皮)200克,葡萄糖20克,蛋白胨2克,磷酸二氢钾2克,硫酸镁0.5克,琼脂10~20克,水1000毫升,pH 6.2~6.5。

⑤木屑综合培养基:马铃薯(去皮)200克,阔叶树木屑100克,葡萄糖20克,磷酸二氢钾2克,琼脂10~20克,水1000毫升,pH 6.2~6.5。

⑥麦麸综合培养基:马铃薯(去皮)200克,麦麸50~100克,

葡萄糖 20 克,磷酸二氢钾 2 克,硫酸镁 0.5 克,琼脂 10 ~ 20 克,水 1000 毫升,pH 6.2 ~ 6.5。

⑦玉米粉综合培养基:马铃薯(去皮)200 克,玉米粉 50 ~ 100 克,葡萄糖 20 克,磷酸二氢钾 2 克,硫酸镁 0.5 克,琼脂 10 ~ 20 克,水 1000 毫升,pH 6.2 ~ 6.5。

⑧保藏菌种培养基:马铃薯(去皮)200 克,葡萄糖 20 克,磷酸二氢钾 3 克,硫酸镁 1.5 克,维生素 B_1 微量,琼脂 10 ~ 25 克,水 1000 毫升,pH 6.4 ~ 6.8。

(2)配制方法　培养基配方虽然各异,但配制方法基本相同,都要经过如下程序:原料选择→称量调配→调节 pH→分装→灭菌→摆成斜面。

①原料选择:最好不使用发芽的马铃薯,若要使用,必须挖去芽眼,否则芽眼处的龙葵碱对菌丝生长有毒害作用。木屑、麦麸、玉米粉等要新鲜,不霉变、不生虫,否则昆虫的代谢产物和霉菌产生的毒素对菌丝也有毒害作用。

②称量:培养基配方中标出的"水 1000 毫升"不完全是水,实际上是将各种原料溶于水后的营养液容量。配制时要准确称取配方中的各种原料,配制好后使总容量达到 1000 毫升。

③调配:将马铃薯、木屑、麦麸、玉米芯等加适量水于铝锅中煮沸 20 ~ 30 分钟,用 2 ~ 4 层纱布过滤取汁;将难溶解的蛋白胨、琼脂等先入滤汁加热溶解,然后加入葡萄糖、磷酸二氢钾、硫酸镁等,用玻棒不断搅拌,使其均匀。如容量不足可加水补足至 1000 毫升。

④调节 pH:不同菇菌类生长发育的最适 pH 不同,不同地区、不同水源的 pH 也不尽相同,因此对培养基的 pH 需要根据所生产母种的品性来调节。通常选用 pH 试纸测定已调配好的培养基,方法是将试纸浸入培养液中,取出与标准比色板比较变化了的颜色,找到与比色板上色带相一致者,其数值即为该培养基的 pH。如果 pH 不符合所需要求,过酸(小于 7),可用稀碱,如氢氧化钠或碳酸氢钠溶液调整;若过碱(大于 7),则用稀酸,如柠檬酸、乙酸溶液调整。

⑤分装:将调节好 pH 的培养基分装于玻璃试管中,试管规格为

(18 ~20)厘米(长)×(18 ~20)毫米(口径)。新启用的试管,要先用稀硫酸液在烧杯中煮沸以清除管内残留的烧碱,然后用清水冲洗干净,倒置晾干备用,切勿现洗现用,以免因管壁附有水膜,导致培养基易在试管内滑动。分装试管时可使用漏斗式分装器,也可自行设计使用倒"U"字形虹吸式分装器。分装时先在漏斗或烧杯中加满培养基,用吸管先将培养基吸至低于烧杯中培养基液面,然后一手管住止水阀,另一手执试管接流下来的培养基,达到所需量时,关闭止水阀(或自由夹)。如此反复分装完毕。分装时尽量避免流出的培养基沾在管口或壁上,如不慎沾上,要用纱布擦净,以免培养基粘住棉塞而影响接种和增加污染几率。试管装量一般为试管高度的1/5 ~1/4,不可过多,也不可过少。(图7)

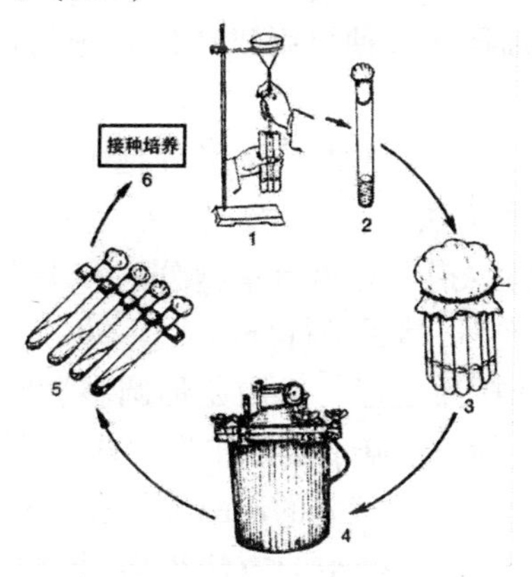

图7　斜面培养基制作流程

1. 分装试管　2. 塞棉塞　3. 打捆
4. 灭菌　5. 摆成斜面　6. 接种营养

分装完毕盖上棉塞。用干净的普通棉花,做成粗细均匀,松紧适度的棉塞,以塞好后手提时不掉为宜。棉塞长度以塞入试管内1.5 ~2.0厘米,外露1.5厘米左右为宜。然后10支试管捆成一捆,管口用牛皮纸或防潮纸包紧入锅灭菌。

(3)灭菌　将捆好的试管放入高压灭菌锅内灭菌。先在锅内加足水,将试管竖立于锅内,加盖拧紧,然后接通热源加热。由于不同型号的高压锅内部结构不完全相同,所以,操作时要严格按有关产品说明进行,以免发生意外。加热时,当压力达到0.1~0.11兆帕开始计时,保持30分钟即可。灭菌完毕后,待压力降至零后打开排气阀排尽蒸汽,然后开盖,取出试管,趁热摆成斜面。其方法是在平整的桌面上放一根0.8~1.0厘米厚的木条,将灭好菌的试管口向上斜放在木条上。斜面的长以不超过试管总长度的1/2为宜,冷却凝固后即成斜面培养基。取出斜面试管10~20支,于28℃下培养24~48小时,检查灭菌效果,如斜面无杂菌生长,方可作斜面培养基使用。

2. 菌种的分离

(1)母种的选择　母种可引进或以自选的优良菌株进行分离,珍稀品种最好引进。

(2)母种的分离　母种的分离可分孢子分离法、组织分离法和菇木分离法三种方法。

①孢子分离法:孢子分离有单孢分离和多孢分离两种,不论哪种均需先采集孢子,然后进行分离。

A. 种菇的选择和处理　选用菇形圆整、健壮、无病虫害、七八成熟、性状优良的单生菇子实体作为种菇,去除基部杂质,放入接种箱中,用新洁尔灭或75%的乙醇进行表面消毒。

B. 采集孢子　采集孢子的方法很多,最常用的有整菇插种法、孢子印法、钩悬法和贴附法。下面以整菇插种法为例,具体介绍其采孢及分离方法。(图8)

选取菌盖4~6厘米的子实体,切去菌柄,经表面消毒后插入下面有培养皿的孢子收集器内。盖上钟罩,让其在适温下自然弹射孢子,经1~2天,就有大量孢子落入培养皿内。然后将孢子收集器移入无菌箱中,打开钟罩,去掉种菇,将培养皿用无菌纱布盖好,并用透明胶或胶布封贴保存备用。

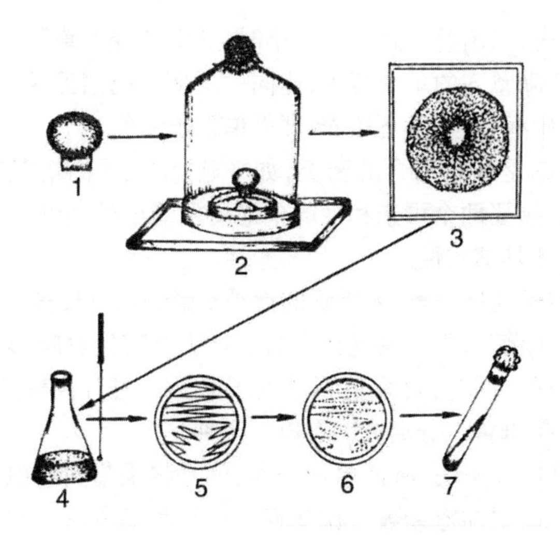

图 8　钟罩法采集分离伞菌类孢子

1. 种菇　2. 孢子采集装置　3. 孢子印

4. 孢子悬浮液　5. 用接种环沾孢子液在平板上划线

6. 孢子萌发　7. 移入试管培养基内培养

C. 接种　将培养基试管、注射器、无菌水等器物用 0.1% 的高锰酸钾溶液擦洗后放入接种箱内熏蒸消毒，半小时后进行接种操作。打开培养皿，用注射器吸取 5 毫升无菌水注入盛有孢子的培养皿中，轻轻摇动，使孢子均匀地悬浮于水中。把培养皿倾斜置放，因饱满孢子比重大，沉于底层，这样可起到选种的作用。用注射器吸取下层孢子液 2 ~ 3 毫升，然后再吸取 2 ~ 3 滴无菌水，将孢子液进一步稀释；注射器装上长针头，针头朝上，静置数分钟后推去上部悬浮液，拔松斜面试管棉塞，沿试管壁插入针头，注入孢子液 1 ~ 2 滴，让其顺试管斜面流下，抽出针头，塞紧棉塞，放置好试管，使孢子均匀分布于培养基斜面上。

D. 培养　接种后将试管移入 25℃ 左右的恒温箱中培养，经常检查孢子萌发情况及有否杂菌污染。在适宜条件下，3 ~ 4 天培养基表面就可看到白色星芒状菌丝。一个菌丝丛一般由一个孢子发育而成,当菌丝长到绿豆大小时,从中选择发育匀称、生长迅速、菌丝清晰整齐的单个菌落,连同一层薄薄的培养基,移入另一试管斜面中间,在适温下培养,即得单孢子纯种。

有些菇是异宗结合的菌类,如平菇,单孢子的培养物不能正常出菇,必须要两个可亲和性的单孢萌发的单核菌丝交配而形成双核菌丝才具结实性。

E. 孢子纯化分离:采集到的孢子不经分离直接接于斜面上也能培育出纯菌丝,但在菌丝体中必然还夹杂有发育畸形或衰弱及不孕的菌丝。因此,对采集到的孢子必须经过分离优选,然后才能制作纯优母种。分离方法有以下两种。

a. 单孢分离法:所谓单孢分离,就是将采集到的孢子群单个分开培养,让其单独萌发成菌丝而获得纯种的方法。此种方法多用于研究菌菇类生物特性和用于遗传育种,直接用于生产上较少,这里不予介绍。

b. 多孢分离法:所谓多孢分离,就是把采集到的许多孢子接种在同一斜面培养基上,让其萌发和自由交配,从而获得纯种的一种制种方法。此法应用较广,具体做法可分斜面划线法、涂布分离法及直接培养法。下面介绍前两种分离法。

斜面划线法:将采集到的孢子,在接种箱内按无菌操作规程,用接种针粘取少量孢子,在 PDA 培养基上自下而上轻轻划线接种(不要划破培养基表面)。接种后灼烧试管口,塞上棉塞,置适温下培养,待孢子萌发后,挑选萌发早、长势旺的菌落,转接于新的试管培养基上再行培养,发满菌丝即为纯化母种。

涂布分离法:用接种环挑取少量孢子至装有无菌水的试管中,充分摇匀制成孢子悬浮液,然后用经灭菌的注射器或滴管吸取孢子悬浮液,滴 1 ~2 滴于试管斜面或平板培养基上,转动试管,使悬浮液均匀分布于斜面上;或用玻璃刮刀将平板上的悬浮孢子液涂布均匀。经恒温培养萌发后,挑选几株发育匀称、生长快的菌落,移接于另一试管斜面上,适温培养,长满菌丝即为纯化母种。

以上分离出的母种,必须经过出菇试验,取得生物学特性和效应等数据后，才能确定能否应用于生产。千万不可盲从！

②组织分离法：即采用菇体组织（子实体）分离获得纯菌丝的一种制种方法，这是一种无性繁殖法，具有取材容易、操作简便、菌丝萌发早、有利于保持原品种遗传性、污染率低、成功率高等特点。在制种上使用较普遍（图 9）。具体操作如下。

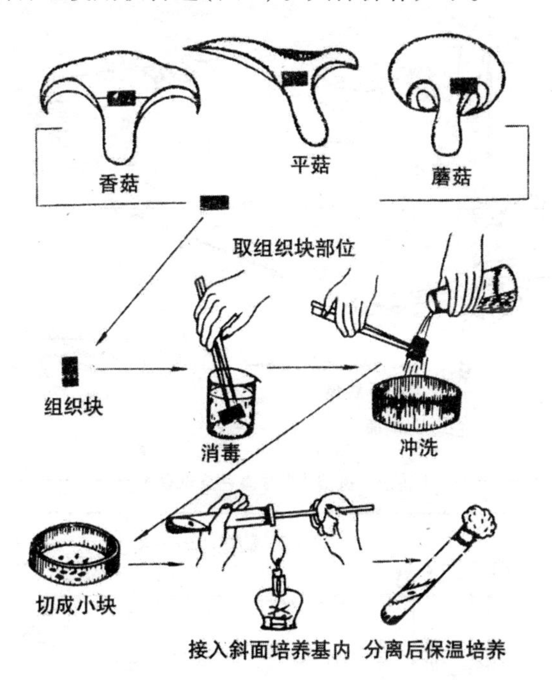

图 9　组织分离操作过程

挑选子实体肥厚、菇柄短壮、无病虫害、具本品系特征的七八成熟的鲜菇作种菇，切去基部杂质部分，用清水洗净表面，置于接种箱内。再将种菇放入 0.1% 的升汞溶液中浸泡 1 分钟，用无菌水冲洗数次，用无菌纱布吸干水渍，用经消毒的小刀将种菇一剖为二，在菌盖与菌柄相交处用接种镊夹取绿豆大小一块，移接在试管斜面中央，塞上棉塞，移入 25℃ 左右培养室内培养。当菌丝长满斜面，查无杂菌污染时，即可作为分离母种。也可从斜面上挑选纯净、健壮、生长旺盛的菌丝进行转管培养，即用接种针(铲)将斜面上的菌丝连同一层薄薄的培养基一起移到新的试管斜面上，在适温下培养，待菌丝长满，查无杂菌，即为扩繁的母种。(图10)

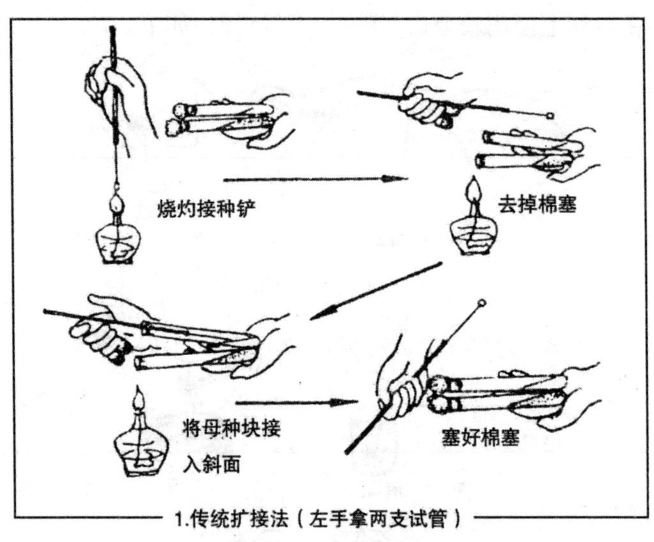

1.传统扩接法(左手拿两支试管)

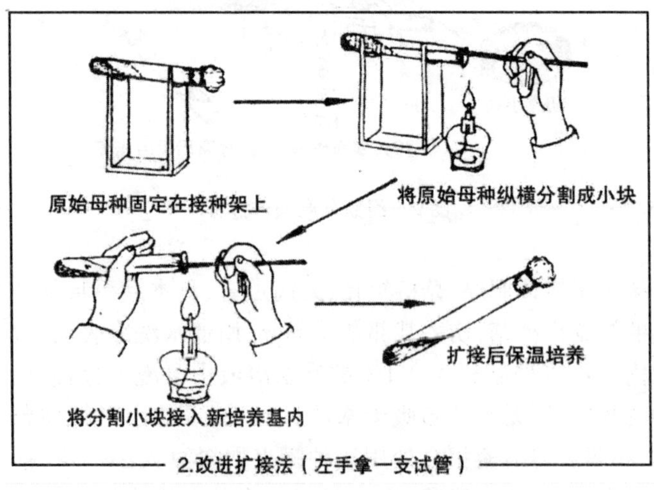

2.改进扩接法(左手拿一支试管)

图10　母种扩接操作过程

3. 母种的扩繁与培养

为了适应规模化生产,引进或分离的母种,必须经过扩大繁殖与培养,才能满足生产上的需要。母种的扩繁与培养,具体操作方法如下。

(1)扩繁接种前的准备　接种前一天,做好接种室(箱)的消毒工作。先将空白斜面试管、接种工具等移入接种室(箱)内,然后用福尔马林(每立方米空间用药5~10毫升)加热密闭熏蒸24小时,再用5%石炭酸溶液喷雾杀菌和除去甲醛臭气,使臭氧散尽后入室操作。如在接种箱内接种,先打开箱内紫外线灯照射45分钟,关闭箱室门,人员离开室内以防辐射伤人。照射结束后停半小时以上方可进行操作。操作人员要换上无菌服、帽、鞋,用2%煤酚皂液(来苏水)将手浸泡几分钟,并将引进或分离的母种用乙醇擦拭外部后带入接种室(箱)。

(2)接种方法　左手拿起两支试管,一般斜面试管母种在上,空白斜面试管在下,右手拿接种耙,将接种耙在酒精灯上烧灼后冷却。在酒精灯火焰附近先取下母种试管口棉塞,再用左手无名指和小指抽掉空白斜面试管棉塞并夹住,试管口稍向下倾斜,用酒精灯火焰封锁管口。把接种耙伸入试管,将母种斜面横向切成2毫米左右的条,不要全部切断,深度约占培养基的1/3。再将接种铲灼烧后冷却,将母种纵向切成若干小块,深度同前,宽2毫米,长4毫米。拔去空白试管的棉塞,用接种铲挑起一小块带培养基的菌丝体,迅速将接种块移入空白斜面中部。接种时应使有菌丝的一面竖立在斜面上,这样气生菌丝和基内菌丝都能同时得到发育。在接种块过管口时要避开管口和火焰接触,以防烫死或灼伤菌丝。将棉塞头在火焰上烧一下,然后立即将棉塞塞入试管口,将棉塞转几下,使之与试管壁紧贴。接种量一般每支20毫米×200毫米的试管母种可移接35支扩繁母种。

接种完毕,及时将接好的斜面试管移入培养室中培养。移入前,搞好室内卫生,用0.1%的来苏尔或清水清洗室内及操作台面,并开紫外线灯灭菌30分钟。培养期间,室温控制在25℃左右,并注意检查发菌情况,发现霉菌感染,及时淘汰。待菌丝长满斜面即为扩繁母种。

(四)原种和栽培种的制作

先由母种扩接为原种(图11),再由原种转接为栽培种。

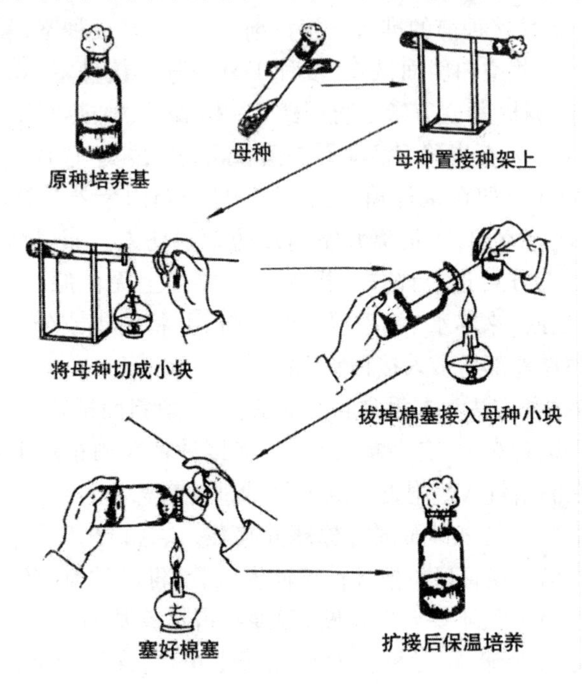

图11 从母种扩接为原种的操作过程

制作原种和栽培种的原料配方及制作方法基本相同。只因栽培种数量较大,所用容器一般为聚丙塑料袋。其工艺流程为:配料→分装→灭菌→冷却→接种→培养→检验→成品。

1. 原料配方

原种和栽培种按培养基质可分为谷粒种和草料种,按基质状态又分为固体种和液体种。目前生产上广为应用的是固体种。常做谷粒种培养基的原料有小麦、大麦、玉米、谷子、高粱、燕麦等,常做草料种的培养基的原料为棉籽壳、稻草、木屑、玉米芯、豆秸等。此外还有少量石膏、麦麸、米糠、过磷酸钙、石灰、尿素等作为辅料,常用配方如下。

(1)谷粒种培养基及其配制

①麦粒培养基:选用无霉变、无虫蛀、无杂质、无破损的小麦粒做原料,用清水浸泡6~8小时,以麦粒吸足水分至涨满为度。浸泡时,每50千克小麦加0.5千克石灰和2千克福尔马林,用以调节酸碱度和杀菌消毒。然后入锅,用旺火煮10~15分钟,捞起控水后加干重1%的石膏拌匀后装瓶,加盖,灭菌。

②谷粒培养基:选饱满、无杂质、无霉变的谷粒,用清水浸泡2~3小时,用旺火煮10分钟(切忌煮破),捞起控水后加0.5%(按干重计)生石灰和1%(按干重计)石膏粉,搅拌均匀后装瓶,灭菌。

③玉米粒培养基:选饱满玉米,用清水浸泡8~12小时,使其充分吸水,然后煮沸30分钟,至玉米变软膨胀但不开裂为度。捞起控干水分,拌入0.5%(按干重计)生石灰,装瓶,灭菌。

以上培养基灭菌均采用高压蒸汽灭菌,高压0.2MPa(兆帕),灭菌2~2.5小时;若用0.15MPa(兆帕),则需2.5~3小时。

(2)草料种配方及配制

①纯棉籽壳培养基:棉籽壳加水调至含水量在60%,拌匀后装瓶(袋),灭菌。

②棉籽壳碱性培养基:棉籽壳99%,石灰1%,加水调至含水量60%,拌匀装瓶(袋),灭菌。

③棉籽壳玉米芯混合培养基:棉籽壳30%~78%,玉米芯(粉碎)20%~68%,石膏1%,生石灰0.5%,加水调至含水量60%,拌匀后装瓶(袋),灭菌。

④玉米芯麦麸培养基:玉米芯(粉碎)82.5%,麦麸或米糠14%,过磷酸钙2%,石膏1%,石灰0.5%,加水调至含水量60%,拌匀后装瓶(袋),灭菌。

⑤木屑培养基:阔叶树木屑79.5%,麦麸或米糠19%,石膏1%,石灰0.5%,加水调至含水量60%,拌匀后分装,灭菌。

⑥稻草培养基:稻草(粉碎)76.5%,麦麸20%,过磷酸钙2%,石膏1%,石灰0.4%,尿素0.1%,加水调至含水量60%,拌匀装瓶(袋),灭菌。

⑦豆秸培养基:大豆秸(粉碎)88.5%,麦麸或米糠10%,石膏1%,石灰0.5%,加水调至含水量60%,拌匀装瓶(袋),灭菌。

以上各配方在有棉籽壳的情况下,均可适当增加棉籽壳用量。其作用有二:一是增加培养料透气性,有利发菌;二是棉仁酚有利菌丝生长。不论是瓶装还是袋装,都要松紧适度。装得过松,菌丝生长快,但菌丝细弱、稀疏、长势不旺;装得过紧,通气不良,菌丝生长困难。谷粒种装瓶后要稍稍摇动几下,以使粒间孔隙一致。其他料装瓶后要用锥形木棒(直径2~3厘米)在料中间打一个深近瓶底的接种孔,然后擦净瓶身,加盖棉塞和外包牛皮纸,以防灭菌时冷凝水打湿棉塞,引起杂菌感染。

用塑料袋装料制栽培种时,塑料袋不可过大,一般宽13~15厘米,长25厘米即可,每袋装湿料400~500克,最好使用塑料套环和棉塞,以利通气发菌。

2. 灭菌

灭菌是采用热力(高温)或辐射(紫外线)杀灭培养基表面及基质中的有害微生物,以达到在制种栽培中免受病虫危害的目的。因此灭菌的彻底与否,直接关系到制种的成败及质量的优劣。培养基分装后要及时灭菌,一般应在4~6小时内进行,否则易导致培养料酸败。不同微生物对高温的耐受性不同,因此灭菌时既要保证一定的温度,又要保证一定的时间,才能达到彻底灭菌的目的。

制作原种和栽培种时,常用的灭菌方法有高压蒸汽灭菌法和常压蒸汽灭菌法。这两种灭菌方法,其锅灶容量较大,前者适合原种生产,后者适于栽培种生产。

(1)高压蒸汽灭菌法　就是利用密封紧闭的蒸锅,加热使锅内蒸汽压力上升,使水的沸点不断提高,锅内温度增加,从而在较短时间内杀灭微生物(包括细菌芽孢),是一种高效快捷的灭菌方法。主要设备是高压蒸汽灭菌锅,有立式、卧式、手提式等多种样式。大量制作原种和栽培种时多使用前两种。使用时要严守操作规程,以免发生事故。高压锅内的蒸汽压力与蒸汽温度有一定的关系,蒸汽温度与蒸汽压力成正相关,即蒸汽温度越高,所产生的蒸汽压力就越大,如下表1。

表1　蒸汽温度与蒸汽压力对照表

蒸汽温度(℃)	蒸汽压力 (lbf/in^2)	蒸汽压力 (kgf/cm^2)	蒸汽压力 (MPa)
100.0	0.0	0.0	0.0
105.7	3	0.211	0.0215
111.7	7	0.492	0.0502
119.1	13	0.914	0.0932
121.3	15	1.055	0.1076
127.2	20	1.406	0.1434
128.1	22	1.547	0.1578
134.6	30	2.109	0.2151

此表引自贾生茂等《中国平菇生产》。lbf/in^2表示英制磅力每平方英寸;kgf/cm^2表示公制千克力每平方厘米;MPa(兆帕)为压力的法定计量单位。

因此,从高压锅的压力表上可以了解和掌握锅内蒸汽温度的高低及蒸汽压力的大小。如当压力表上的读数为0.21kgf/cm^2或0.0215MPa时,其高压锅内的蒸汽温度即为105.7℃。一般固体物质在0.14~0.2MPa(兆帕)下,灭菌1~2.5小时即可。使用的压力和时间要依据原料性质和容量多少而定,原料的微生物基数大,容量多使用的压力相对要高,灭菌时间要长,才能达到彻底灭菌效果。不论采用哪种高压灭菌器灭菌,灭菌后均应让其压力自然下降,当压力降至零时,再排汽,汽排净后再开盖出料。

(2)常压蒸汽灭菌法　即采用普通升温产生自然压力和蒸汽高温(98℃~100℃)以杀灭微生物的一种灭菌方法。这种灭菌锅灶种类很多,可自行设计建造。它容量大,一般可装灭菌料1500~2000千克(种瓶2000~4000个),很适合栽培种培养基或熟料栽培原料的灭菌。采用此法灭菌时,料瓶(袋)不要码得过紧,以利蒸汽串通;火要旺,装锅后在2~3小时使锅内温度达98℃~100℃,开始计时,维持6~8小时。灭菌时间可根据容量大小而定,容量大的灭菌时间可适当延长,反之可适当缩短。灭菌中途不能停火或加冷水,否则易造成温度下降,灭菌不彻底。灭完菌后不要立即出锅,用余热将培养料焖一夜,这样既可达到彻底灭菌的目的,又可有效地避免因棉塞受潮而引起杂菌感染。

3. 冷却接种

(1)冷却　灭菌后将种瓶(袋)运至洁净、干燥、通风的冷却室或接种室让其自然冷却,当料温冷却至室温(30℃以下)时方可接种。料温过高接种容易造成"烧菌"。

(2)消毒　接种前,要用甲醛和高锰酸钾等对接种室进行密闭熏蒸消毒(用量、方法如前所述),用乙醇或新洁尔灭等对操作台的表面进行擦拭。然后打开紫外线灯照射30分钟,半小时后开始接种。使用超净工作台接种时,先用75%酒精擦拭台面,然后打开开关吹过滤空气20分钟。无论采用哪种方法接种,均要严格按无菌操作规程进行操作。

(3)接种方法　一人接种时,将母种(或原种)夹在固定架上,左手持需要接种的瓶(袋),右手持接种钩、匙,将母种或原种取出迅速接入瓶(袋)内,使菌种块落入瓶(袋)中央料洞深处,以利菌丝萌发生长。两人接种时,左边一人持原种或栽培种瓶(袋),负责开盖和盖盖(或封口),右边一人持母种或原种瓶及接种钩,将菌种掏出迅速移入原种或栽培种瓶(袋)内。袋料接种后,要注意扎封好袋口,最好套上塑料环和棉塞,既利于透气,又利于防杂菌。

4. 培养发菌

接种后将种瓶(袋)移入已消毒的培养室进行培养发菌(简称培菌)。培菌期间的管理主要抓以下两项工作。

(1)控制适宜的温度:如平菇(侧耳类的代表种)菌丝生长的温度范围较广,但适宜的温度范围只有几度;且不同温型的品种,菌丝生长对温度的需求又有所不同,因此,要根据所培养的品种温型及适温范围对温度加以调控。菌丝生长阶段,中低温型品种一般应控温在20℃~25℃,广温和高温型品种,以24℃~30℃为宜。平菇所有品种的耐低温性都大大超过其对高温的耐受性。当培养温度低于适温时,只是生长速度减慢,其活力不受影响;当培养温度高于适温时,菌丝生长稀疏纤细,长势减弱,活力被削弱。因此,切忌培养温度过高。

为了充分利用培养室空间,室内可设多层床架用于摆放瓶(袋)进行立体培养。如无床架,在低温季节培菌时,可将菌种瓶(袋)堆码于培养室地面进行墙式培养。堆码高度一般4~6瓶(袋)高;堆码方式,菌瓶可瓶底对瓶底双墙式平放于地面,菌袋可单袋骑缝卧放于地面。两行瓶(袋)之间留50~60厘米人行道,以便管理。为了受温均匀,发菌一致,堆码的瓶(袋)要进行翻堆。接种后5天左右开始翻堆,将菌种瓶(袋)上、中、下相互移位。随着菌丝的大量生长,新陈代谢旺盛,室温和堆温均有所升高,此时要加强通风降温和换气。如温度过高,要及时疏散菌种瓶(袋),确保菌丝正常生长。

(2)检查发菌情况:接种后发菌是否正常,有无杂菌感染,这都需要通过检查发现,及时处理。一般接种后3~5天就要开始进行检查,如发现菌种未萌发,菌丝变成褐色或萎缩,则需及时进行补种。此后,每隔2~3天检查一次,主要是查看温湿度是否合适,有无杂菌污染。如温度过高,则需及时翻堆和通风降温。如发现有霉菌感染,局部发生时,注射多菌灵或克霉灵,防止扩大蔓延;污染严重时,剔除整个瓶(袋)掩埋处理。当多数菌种菌丝将近长满时,进行最后一次检查,将长势好,菌丝浓密、洁白、整齐者分为一类,其他分为一类,以便用于生产。

(五)菌种质量鉴定

生产出来的菌种是否合格,能否用于生产,是一个非常重要的问题,菌种生产者和栽培者均应认真加以对待,否则使用了劣质菌种,必将造成重大经济损失。要鉴定菌种质量,就必须要有个标准,菇菌类菌种的质量标准(包括一、二、三级种),一般认为从感官鉴定来说(一般生产者不可能通过显微观察),主要应包括以下几方面。

1. 合格菌种标准

(1)菌丝体色泽　洁白,无杂色;菌种瓶、袋上下菌丝色泽一致。

(2)菌丝长势　斜面种,菌丝粗壮浓密,呈匍匐状,气生菌丝爬壁力强。原种和栽培种菌丝密集,长势均匀,呈绒毛状,有爬壁现象,菌丝长满瓶(袋)后,培养基表面有少量珊瑚状小菇蕾出现。

(3)二、三级种培养基色泽　淡黄(木屑)或淡白(棉籽壳),手触有湿润感。

(4)有清香味　打开菌种瓶、袋可闻到特殊香味,无异味。

(5)无杂菌污染　肉眼观察培养基表面无绿、红、黄、灰、黑等杂菌出现。

2. 不合格或劣质菌种表现

(1)菌丝稀疏,长势无力,瓶、袋上下生长不均匀。原因是培养料过湿,或装料过松。

(2)菌丝生长缓慢,不向下蔓延。可能是培养料过干或过湿,或培养温度过高所致。

(3)培养基上方出现大量子实体原基(说明菌种已成熟,应尽快使用)。

(4)培养基收缩脱离瓶(袋)壁,底部出现黄水积液,说明菌种已老化。

(5)菌种瓶(袋)培养基表面可见绿、黄、红等菌落,说明已被杂菌感染。

有以上(1)、(2)、(3)种情况时可酌情使用,但应加大用种量;有(4)、(5)种情况应予淘汰,绝对不能使用。

（六）出菇试验

所生产的菌种是否保持了原有的优良种性，必须通过出菇试验才能确定，具体做法如下。

采用瓶栽或块栽方法，设置 4 个重复，以免出现偶然性。瓶栽法与三级菌种的培养方法基本相同，配料、装瓶、灭菌、接种后置适温下培养。当菌丝长满瓶后再过 7 天左右，即可打开瓶口盖让其增氧出菇。块栽法培养基用 33 厘米见方、厚 6 厘米的 4 个等量的木模（或木箱）装料压成菌块，用层播或点播法接入菌种，置温、湿、气、光等适宜条件下发菌、出菇。发菌与出菇期均按常规法进行管理。

在试验过程中，要经常认真观察、记录菌丝的生长和出菇情况，如记录种块的萌发时间、菌丝生长速度、吃料能力、出菇速度、子实体形态、转潮快慢、产量高低及质量优劣等表现。最后通过综合分析评比，选出菌丝生长速度快，健壮有力，抗病力强，吃料快，出菇早，结菇多，朵形好，肉质肥厚，转潮快，产量高，品质好的作为合格优质菌种供应菇农或用于生产。

也可直接将培养好的二级或三级菌种瓶、袋，随意取若干瓶、袋[一般不少于 10 瓶（袋）]，打开瓶（袋）口或敲碎瓶身或划破袋膜，使培养料外露，增氧吸湿，或覆上合适湿土让其出菇。按上述要求进行观察和记录，最后挑选出表现优良的菌株作种用。

二、无公害菇菌生产要求

菇菌已被公认为“绿色保健食品”，进而受到人们的普遍欢迎。但随着工农业的不断发展，环保工作相对滞后，生态环境受到污染的程度越来越高，大量的农药、化肥和激素等有毒化学物质的使用，给菇菌生产带来了较大的伤害，严重影响了菇菌及其产品的质量和风味。如菇体被污染，将难以进入国际市场，因此无公害菇菌的生产迫在眉睫，势在必行。

在菇菌生产和加工中，有哪些被污染的途径？如何防止污染？主要有以下几个方面。

（一）菇菌生产中的污染途径

1. 栽培原料的污染

食用菌的栽培原料多为段木、木屑、棉籽壳、稻草和麦秸等农作物下脚料。有些树木长期生长在富含汞或镉元素的地方，其木材内汞和镉的含量较高。棉籽壳中含有一种棉酚为抗生育酚。对生殖器官有一定危害，汞被人体吸收后重者可出现神经中毒症状。镉被人体吸收后，可损害肾脏和肝脏，并有致癌的危险。此外还有铅等重金属元素，也会直接污染栽培料。如果大量、单一采用这些原料栽培菇菌，上述有害物质就会通过“食物链”不同程度地进入菌体组织，人们长期食用这类食品，就会将这些毒物富集于体内，最终损害人体健康。

2. 管理过程中的污染

菇菌的生产，要经过配料、装瓶（袋）、浇水、追肥及防治病虫害等工序。在这些工序中如不注意，随时都有可能被污染。在消毒灭菌时，常采用37% ~40%的甲醛等作消毒剂；在防治病虫害时常用多菌灵、敌敌畏、氧化乐果乃至剧毒农药1605等。这些物质均有较多的残留物和较长的残毒性，易对人体产生毒害。此外，很多农药及有害化学物质，均易溶解和流入水中，如使用此种水浇灌或浸泡菇菌（加工时），也会污染菌体进而危害人体。因此，在生产中用水，应符合GB5749《生活饮用水卫生标准》。

3. 产品加工过程中的污染

（1）原料的污染　菇菌的生长环境一般较潮湿，原料进厂后如不及时加工，堆放在一起，可因自然发热而引起腐烂变质；加工时又没严格剔除变质菇体，加工成的产品本身就已被污染。

（2）添加剂污染　菇菌在加工前和加工过程中，用焦亚硫酸钠、稀盐酸、矮壮素、比久及调味剂、着色剂、赋香剂等化学药物作护色、保鲜及防腐。尽管这些药物用量很小，且在加工过程中经反复清洗过，食用时也充分漂洗，但毕竟难以彻底清除掉，多少总会残留些毒物，对人体存在着潜在的毒性威胁。

（3）操作人员污染　采收鲜菇和处理鲜菇原料的人员，手足不清洁;或本身患有乙肝、肺结核等传染病,或随地吐痰等,都会直接污染原料和产品。

(4)操作技术不严污染　菇菌产品加工工序较多,稍一放松某道工序,就可能导致污染。如盐渍品盐的浓度过低;罐制品杀菌压力不够,时间不足,排气不充分,密封不严等,均能让有害细菌残存于制品中继续为害,进而导致产品败坏。

尽管污染菌类制品的细菌多非致病菌,但也会污染致病菌,以致产生毒素危害人体。

4. 贮藏、运输、销售等流通环节中的污染

我国目前食用菌的出口产品为干制、盐渍、冷藏、速冻等初加工产品,不论如何消毒灭菌,多数制品均属商业性灭菌,因此产品本身仍然带菌,只要条件适宜,所带细菌就能大量繁殖,使产品被污染。一旦温度条件发生变化、冷藏设备失调、干制品受潮、盐渍品盐度降低等,都会导致产品败坏,以致重新被污染。在产品运输途中,如运输工具不洁;在销售过程中,如贮藏不当、包装破损、货架期长,也能被污染。

(二)防止菇菌生产及产品被污染的防范措施

1. 严格挑选和处理好培养料

(1)一定要选用新鲜、干燥、无霉变的原料做培养料。

(2)尽量避免使用施过剧毒农药的农作物下脚料。

(3)最好不要使用单一成分的培养料,多采用较少污染的多成分的混合料。

(4)各种原料使用前都要在阳光下进行暴晒,借紫外线杀灭原料中携带的部分病菌和虫卵。

(5)大力开发和使用污染较少的"菌草",如芒萁、类芦、斑茅、芦苇、五节芒等做培养料。

2. 在防治菇菌病虫害时,严格控制使用高毒农药

菇菌在栽培过程中,防病治虫时,施用的药物一定要严格选用高效低毒的农药,在出菇时绝对不要施任何药物。杀虫剂可选用乐果、敌百虫、杀灭菊酯和生物性杀虫剂青白菌、白僵菌及植物

性杀虫剂除虫菊等,还可选用驱避剂樟脑丸和避虫油及诱杀剂糖醋液等。熏蒸剂可用磷化铝取代甲醛。杀菌剂可选用代森铵、稻瘟净、井冈霉素及植物杀菌素大蒜素等。这些药物对病虫均有较好的防治作用,而对环境和食用菌几乎无污染。

3. 产品加工时使用的护色、保鲜、防腐剂尽量选用无毒的化学药剂

我国已开发和采用抗坏血酸(即维生素 C)和维生素 E 及氯化钠(即食盐)等进行护色处理,并收到理想效果,其制品色淡味鲜,对人体有益无害。有条件的最好采用辐射保鲜,可杀灭菌体内外微生物和昆虫及破坏或降低酶活性,不留下任何有害残留物。

为确保安全,现将有关保鲜防腐剂的限定用量列出,见表 2。

表 2 几种菇菌产品保鲜防腐剂限定用量

物质名称	限定用量	使用方法
氯化钠(食盐)	0.6%,0.3%	浸泡鲜菇 10 分钟
氯化钠 + 氯化钙	0.2% +0.1%	浸泡鲜菇 30 分钟
L - 抗坏血酸液	0.1%	喷鲜菇表面至湿润或注罐
L - 抗坏血酸液 + 柠檬酸	0.5% +0.02%	浸泡鲜菇 10 ~20 分钟
稀盐酸	0.05%	漂洗鲜菇体
亚硫酸钠	0.1% ~0.2%	漂洗和浸泡鲜菇 10 分钟
苯甲酸钠(安息香钠)	0.02% ~0.03%	作汤汁注入罐、桶中
山梨酸钠	0.05% ~0.1%	作汤汁注入罐、桶中

4. 产品加工时要严格选料和严守操作规程

(1)采用鲜菇作原料的食品,原料必须绝对新鲜,并要严格剔除有病虫害的和腐烂变质的菇体;采收前 10 天左右,不得施用农药等化学药物,以防残毒危害人体。

(2)操作人员必须身体健康,凡有乙肝、肺炎、支气管炎、皮炎等病患者,一律不得从事食用菌等产品加工操作。

(3)要做到快采、快装、快运、快加工,严格防止松懈拖拉现象发生,以防鲜菇腐败变质。

(4)在加工过程中,对消毒、灭菌、排气密封、加汤调味等工

序,要严格按清洁、卫生、定量、定温、定时等规定办,切不可偷工减料,以免消毒灭菌不彻底或排气密封不严等而导致产品被污染和变质。

5. 在产品的贮存、运输及销售中,要严防污染变质

(1)加工的产品,不论是干品还是盐渍品及罐制品,均要密封包装,防止受潮或漏气而引起腐烂。

(2)贮存处要清洁卫生、干燥通风,并不得与农药、化肥等化学物质和易散发异味、臭气的物品混放,以防污染产品。

(3)在运输过程中,如路程较远、温度较高时,一定要用冷藏车(船)装运,有条件的可采用空运。用车船运输时,要定时添加一定量的冰块等降温物质,防止在运输过程中因高温而引起腐败变质。

(4)出售时,产品要置干燥、干净、空气流通的货架(柜)上,防止在货架期污染变质。并要严格按保质期销售,超过保质期的产品不得继续销售,以免损害消费者健康。

三、鲜菇初级保鲜贮存方法

绝大多数菇菌鲜品含水量高(一般在90%以上),新鲜,嫩脆,一般不耐贮藏。尤其是在温度较高的条件下,若逢出菇高峰期,不能及时鲜销或加工,往往导致腐烂变质,失去商品价值,造成重大经济损失。因此,必须对鲜品进行初级保鲜,以减少损失,确保良好的经济效益。现将有关技术介绍如下。

(一)采收与存放

采收鲜菇时,应轻采轻放,严禁重抛或随意扔甩,以防菇体受震破碎,采下的菇要存入专用筐、篮内。其内要先垫一层白色软纸,一层层装满装实(不要用手压挤),上盖干净湿布或薄膜,带到合适地点进行初加工。

(二)初加工处理

将采回的鲜菇,逐朵去掉菌类基部所带培养基等杂物,分拣出有病虫害的菇体,适当修整好畸形菇,剪去过长的菌柄,对整丛

或过大的菌体进行分开和切小，再分装于箱（筐）中，也可分成100克、200克、250克、500克及1000克的中小包装。鲜香菇等名贵菇类，可将菇体肥厚、大小基本一致的进行精品包装或统级包装。不论采用何种包装，最好尽快上市鲜销；不能及时鲜销时，置低温、避光通风地作短暂贮藏。

（三）保鲜方法

1. 低温保鲜法

低温保鲜即通过低温来抑制鲜菇的新陈代谢及腐败微生物的活动，使之在一定的时间内保持产品的鲜度、颜色及风味不变的一种保鲜方法。常用的有以下几种。

（1）常规低温保鲜　将采收的鲜菇整理后，立即放入筐内、篮中，上盖多层湿纱布或塑料膜，置于冷凉处，一般可保鲜1～2天。如果数量少，可置于洗净的大缸内贮存。具体做法：在阴凉处置缸，缸内盛少许清水，水上放一木架，将装在筐或篮内的鲜菇放于木架上，再用塑膜封盖缸口，塑膜上开3～5个透气孔。在自然温度20℃以下时，对双孢蘑菇、草菇、金针菇、平菇等柔质菌类短期保鲜效果良好。

（2）冰块制冷保鲜　将小包装的鲜菇置于三层包装盒的中格，其他两格放置用塑料袋包装的冰块，并定时更换冰块。此法对草菇、松茸等名贵菌类有良好的短期保鲜作用（空运出口时更适用）。也可在装鲜菇的塑料袋内放入适量干冰或冰块，不封口，于1℃以下可存放18天，6℃可存放13～14天，但贮藏温度不可忽高忽低。

（3）短期休眠保存　香菇、金针菇等鲜品，先置20℃下放置12小时，再于0℃左右的冷藏室中处理24小时，使其进入休眠状态，保鲜期可达4～5天。

（4）密封包装冷藏　将采收的香菇、金针菇、滑菇等鲜菇立即用较厚的聚乙烯塑料袋或保鲜袋密封包装，并注意将香菇等菌褶朝上，于0℃左右保藏，一般可保鲜15天左右。

（5）机械冷藏　有条件的可将采收的各种鲜菇，经整理包装后立即放入冷藏室、冷库或冰箱中，利用机械制冷，调控温度在1℃～5℃，空气湿度85%～90%，可保鲜10天左右。

(6)自然低温冷藏　在自然温度较低的冬季，将采收的鲜菇直接放在室外自然低温下冷冻(为防止菇体变褐或发黄，可将鲜菇在0.5%柠檬酸溶液中漂洗10分钟)，约经2小时，装入塑料袋中，用纸箱包装，置于低温阴棚内存放，可保鲜7天左右。

(7)速冻保藏　对于一些珍贵的菌类，如松茸、金耳、口蘑、羊肚菌、鸡油菌、美味牛肝菌等在未开伞时，用水轻轻漂洗后，薄薄地摊在竹席上，置于高温蒸汽密室熏蒸5～8分钟，使菇体细胞失去活性，并杀死附着在菇体表面的微生物。熏蒸后将菇体置1%的柠檬酸液中护色10分钟，随即吸去菇体表面水分，用玻璃纸或锡箔袋包装，置－35℃低温冰箱中急速冷冻40分钟至1小时后移至－18℃下冷冻贮藏，可保鲜18个月。

2. 杀酶保鲜

将采收的鲜菇按大小分装于筐内，浸入沸腾的开水中漂烫4～8分钟，以抑制或杀灭菇体内的酶活性，捞出后立即浸入流水中迅速冷却，达到内外温度均匀一致，沥干水分，用塑料袋包装，置冰箱或冷库中贮藏，可保鲜10天左右。

3. 气调保鲜法

气调保鲜就是通过调节空气组分比例，以抑制生物体(菇菌类)的呼吸作用，来达到短期保鲜的目的，常用方法有以下几种。

(1)将鲜香菇等菇类贮藏于气调袋内于20℃下贮藏，可保鲜8天。

(2)用纸塑袋包装鲜菇类，加入适量天然去异味剂，于5℃下贮藏，可保鲜10～15天。

(3)用纸塑复合袋包装鲜草菇等菇类，在包装袋上打若干自发气调孔，于15℃～20℃下贮藏，可保鲜3天。

(4)真空包装保鲜，用0.06～0.08毫米厚的聚乙烯塑膜袋包装鲜金针菇等菇类3～5千克，用真空抽提法抽出袋内空气，热合封口，结合冷藏，保鲜效果很好。

4. 辐射保鲜法

辐射保鲜就是用^{60}Co γ－射线照射鲜菇体,以抑制菇色褐变、破膜、开伞,达到保鲜的目的,这是目前世界上最新的一种保鲜方法。

(1)以^{60}Co γ－射线照射装入多孔的聚乙烯袋内的鲜双孢菇等菇类,照射剂量为$(250\sim400)\times10^{3}$拉德,于10℃～15℃下贮存,可保鲜15天左右。

(2)以^{60}Co γ－射线照射鲜蘑菇类,照射剂量为5万～10万拉德,贮藏在0℃下,其鲜菇颜色、气味与质地等商品性状保持完好。

(3)以^{60}Co γ－射线照射处理纸塑袋装鲜草菇等,照射量为8万～12万拉德,于14℃～16℃下,可保鲜2～3天。

(4)以^{60}Co γ－射线照射鲜松茸等,照射量为5万～20万拉德,于20℃下可保鲜10天。

辐射保鲜,是食用菌贮藏技术的新领域,据联合国粮农组织、国际原子能机构及世界卫生组织专家会议确认,辐射总量为100万拉德时,照射任何食品均无毒害作用,可作商品出售。因此,我国卫生部规定:自1998年6月1日起凡辐射食品一定要贴有关辐射食品标志才能进入国内市场。

5. 化学保鲜法

化学保鲜即使用对人畜安全无毒的化学药品和植物激素处理菇类以延长鲜活期而达到保鲜目的的一种方法。

(1)氯化钠(即食盐)保鲜　将采收的鲜蘑菇、滑菇等整理后浸入0.6%盐水中约10分钟,沥干后装入塑料袋内,于10℃～25℃下存放4～6小时,鲜菇变为亮白色,可保鲜3～5天。

(2)焦亚硫酸钠喷洒保鲜　将采收的鲜口蘑、金针菇等摊放在干净的水泥地面或塑料薄膜上,向菇体喷洒0.15%的焦亚硫酸钠水溶液,翻动菇体,使其均匀附上药液,用塑料袋包装鲜菇,立即封口贮藏于阴凉处,在20℃～25℃下可保鲜8～10天(食用时要用清水漂洗至无药味)。

(3)稀盐酸液浸泡保鲜　将采收的鲜草菇等整理后经清水漂洗晾干,装入缸或桶内,加入0.05%的稀盐酸溶液(以淹没菇体为宜),在缸口或桶口加盖塑料膜,可短期保鲜(深加工或食用时用清水冲洗至无盐酸气味)。

(4)抗坏血酸保鲜　草菇、香菇、金针菇等采收后,向鲜菇上喷洒0.1%的抗坏血酸(即维生素C)液,装入非铁质容器,于-5℃下冷藏,可保鲜24~30小时。

(5)氯化钠与氯化钙混合保鲜　将鲜菇用0.2%的氯化钠加0.1%的氯化钙制成混合液浸泡30分钟,捞起装于塑料袋中,在16℃~18℃下可保鲜4天,5℃~6℃下可保鲜10天。

(6)抗坏血酸与柠檬酸混合液保鲜　用0.02%~0.05%的抗坏血酸和0.01%~0.02%的柠檬酸配成混合保鲜液,将采收的鲜菇浸泡在此液中10~20分钟,捞出沥干水分,用塑料袋包装密封,于23℃贮存12~15小时,菇体色泽乳白,整菇率高,制罐商品率高。

(7)比久(B9)保鲜　比久的化学名称是N-二甲胺苯琥珀酰液,是一种植物生长延缓剂。以0.001%~0.01%的比久水溶液浸泡蘑菇、香菇、金针菇等鲜菇10分钟后,取出沥干装袋,于5~22℃下贮藏可保鲜8天。

6. 麦饭石保鲜

将鲜草菇等装入塑料盒中,以麦饭石水浸泡菇体,置于-20℃下保存保鲜期可达70天左右。

7. 米汤碱液保鲜

取做饭时的稀米汤,加入1%纯碱或5%小苏打,溶解搅拌均匀,冷却至室温备用。将采收的鲜菇等浸入米汤碱液中,5分钟后捞出,置阴凉、干燥处,此时蘑菇等表面形成一层米汤薄膜,以隔绝空气,可保鲜12小时。

主要参考文献

[1]黄年来.18种珍稀名贵食用菌栽培.北京:中国农业出版社,1997.

[2]何培新,等.名特新食用菌30种.北京:中国农业出版社,1999.

[3]陈启武,等.鸡腿蘑、姬松茸、大球盖菇生产全书.北京:中国农业出版社,2009.

[4]陈士瑜.珍稀菇菌栽培与加工.北京:金盾出版社,2003.

[5]丁湖广,彭彪.名贵珍稀菇菌生产技术问答.北京:金盾出版社,2011.

敬　　启

本书封面从网络上选用了4幅菇菌图片，因未能联系到作者，我社已将图片的使用情况备案到内蒙古自治区版权保护协会，并将图片稿酬按国家规定的稿酬标准预付给内蒙古自治区版权保护协会。在此，敬请图片作者见到本书后，及时与内蒙古自治区版权保护协会联系领取稿酬。

内蒙古科学技术出版社